ROCHES DES TERRAINS CRISTALLINS

DU

MASSIF DE LA CHAINE DU MONT-BLANC

DESCRIPTION PÉTROGRAPHIQUE

DES

ROCHES

DES

TERRAINS CRISTALLINS PRIMAIRES

ET SÉDIMENTAIRES

DU

MASSIF DE LA CHAINE DU MONT-BLANC

OU

STATISTIQUE

des Terrains et des Roches
qui constituent les Massifs des Montagnes
entre les bassins du Giffre au Nord-Ouest, de la Dranse au Nord-Est,
de la Doire au Sud-Est, du Bonnant au Sud-Ouest.

ET GÉOLOGIE DES

MONTAGNES ADJACENTES

PAR

Venance PAYOT,

Naturaliste à Chamonix,

MEMBRE DE PLUSIEURS SOCIÉTÉS SAVANTES

GENÈVE

IMPRIMERIE Mce RICHTER, RUE DES VOIRONS, 10

1885

PRÉFACE
de la 2me édition.

Dans cette nouvelle étude pétrographique, j'ai adopté la nomenclature et la classification géologique par terrain.

La classification d'après les principes constituants ne m'ont pas permis de faire saisir avec la même clarté tous les éléments qui contribuent à la formation de cette chaîne grandiose, et à celle des chaînes secondaires, qui l'entourent dans le rayon indiqué ci-dessus.

La clarté de cette façon de procéder sera appréciée par tous ceux qui s'intéressent à cette étude, si pleine d'attraits elle leur permettra de s'orienter au milieu de cette innombrable variété lithologique, de cette majestueuse chaîne et de suivre avec attention ces difficiles questions d'origines, d'âges, qui ont suscités et suscite encore tant d'hypothèses, plus ou moins controversées, notamment à l'égard du soulèvement du Mont-Blanc, que de nombreuses théories ont été émises et soutenues, mais aucune pour moi ne répond à la réalité des faits, quelque ingénieuses et malicieuses qu'elles soient, selon la position des couches, plongeant des deux côtés sous le massif, ne me permet d'admettre le système des voûtes aussi grandioses, n'aurait point d'analogue. Surtout si on considère de quelle façon les couches des montagnes voisines viennent s'appuyer sur le grand massif, on conviendra qu'il y a là un mystère géologique, sinon impénétrable du moins bien difficile à résoudre.

Comme beaucoup d'autres dans le bouleversement de cette gigantesque chaîne, propre à exercer la sagacité des géologues.

Ce problème pourrait peut-être s'éclaircir, si on venait un jour à mettre à exécution le projet de percer un tunnel à travers cette chaîne.

La série lithologique des roches, que j'ai formée pendant de longues et incessantes pérégrinations sur le massif du roi des montagnes, m'ont permis de collectionner une grande quantité de roches.

Ces roches, outre qu'elles sont variées, dans leurs éléments constituants, sont intéressantes en ce qu'elles caractérisent l'âge géognostique; cette série lithologique a reçu de nombreuses visites de géologues éminents, qui m'ont grandement aidé à la détermination des variétés douteuses, je tiens à remercier surtout M. le professeur Fischer, de Fribourg en Brisgau, qui a eu la patience d'examiner au microscope la plupart des roches de cette chaîne.

Qu'il reçoive ici l'hommage de ma gratitude; il serait possible d'obtenir, en s'adressant à l'auteur du présent mémoire, des échantillons authentiques, correspondant aux indications qui vont suivre, comprenant toutes les espèces ou variétés de roches des terrains azoïques, de la période primitive cryptogène d'origine contestée, ainsi que les types des roches des terrains de sédiments qui constituent la grande variabilité lithologique de ce groupe de montagnes dont je soumets un aperçu succint à l'appréciation des géologues.

PREMIÈRE PARTIE

TERRAINS CRISTALLINS PRIMAIRES

(ou roches cryptogènes)

ROCHES PLUTONIQUES COMPOSÉES

(ou d'origines contestées, hérétogènes agrégées)

Chaîne du Mont-Blanc.

Les roches qui composent la grande masse de cette chaîne ont été longtemps classées comme étant d'origine essentiellement plutonique ; d'éminents géologues sont encore d'avis que les granits et les protogynes ont été chassés des profondeurs de l'écorce terrestre à l'état plus ou moins fluide, résultant d'une très haute température.

Cependant, la présence du carbone et de substances vaporisables dans quelques-unes de ces roches, l'existence de couches composées de talc, de quartz et d'albite dans des terrains d'origine positivement sédimentaire, tels que le calciphyre triasique du Bonhomme ; la découverte de l'eozoon canadense, foraminifère délicatement moulé dans des serpentines jusqu'alors considérées comme des roches de fusion ont conduit les observateurs à penser que beaucoup de ces roches, sinon toutes, n'ont point surgi des entrailles de la terre à l'état fluide à travers son écorce, mais ont été déposées, comme celles qui leur ont succédé, à l'état de dissolution aqueuse.

Plusieurs savants, MM. Delesse, Descloiseaux, etc., ont contribué à donner un grand poids à cette théorie, en démontrant, par des expériences nombreuses et d'un puissant intérêt, que des substances cristallines et jusqu'à présent considérées comme ignées, peuvent se former par voie humide, sous l'influence de certaines pressions et d'une température plus ou moins élevée, mais très inférieure à celles auxquelles l'hypothèse de la fusion forçait de recourir.

Mon intention n'est pas d'entrer dans un débat que je reconnais être bien au-dessus de ma compétence, mais je ne puis m'empêcher de penser que, comme toutes les théories, les deux précédentes, soutenues avec ardeur et talent par leurs partisans respectifs, à l'exclusion l'une de l'autre, devront plus tard, à la suite d'observations et d'expériences nouvelles, se faire chacune une place équitable et se prêter un mutuel appui.

Quoi qu'il en soit, l'idée de la formation des protogynes et des granits par voie aqueuse et de leur apparition à la surface à l'état solide et non fondu, de la même manière que les terrains bien évidemment sédimentaires, semble prendre chaque jour plus de certitude. M. le professeur Favre l'admet complétement, et je ne puis mieux faire que de renvoyer le lecteur qui voudrait se faire une idée de l'état de la question, aux pages intéressantes que ce savant lui a consacrées.

Le massif du Mont-Blanc a une longueur d'environ 70 kilomètres, dont la grande masse de protogyne, qui constitue la partie centrale, occupe près de 50 kilomètres, depuis le col de Miage, au S.-O., jusqu'à la chapelle d'Orny, au N.-E. La protogyne est entourée d'une ceinture de schistes cristallins, de terrains triasiques et jurassiques, dont les couches plongent vers le centre du massif servant d'appui aux couches de protogyne et constituant ainsi cette structure en éventail, positivement reconnue aujourd'hui, mais diversement expliquée.

Les deux principales hypothèses, celle de M. Favre et celle de M. Lory, semblent aujourd'hui se partager la faveur de la plupart des savants.

J'ai déjà eu l'occasion d'exprimer ma préférence pour l'hypothèse de M. Lory et la difficulté que j'éprouve à admettre les énormes dénudations supposées par M. Favre pour expliquer le relief actuel de nos contrées.

Au lieu de commencer la description de la chaîne du Mont-Blanc par l'une de ses extrémités, je l'entreprendrai en suivant le chemin que l'on prend pour atteindre son point culminant, mais je ne conduirai le lecteur que jusqu'aux Grands-Mulets, l'intérêt géologique du reste de l'ascension n'étant pas en rapport avec les dangers et les fatigues auxquels elle expose.

Les chalets de la Paraz, qu'on rencontre les premiers, sont assis sur un gneiss très mince, quartzeux, dont les couches plongent, comme je l'ai dit, sous la chaîne; elles se continuent jusqu'à la base de l'aiguille du Midi, et ne sont interrompues que par l'intercallation de quelques filons ou amas de calcaire saccharoïde de 15 mètres d'épaisseur, alternant avec des feuillets de gneiss, de micaschiste brun et de calcschiste pur, dont la partie supérieure alterne avec une autre roche voisine de la syénite et d'un schiste stéatiteux ou serpentineux vert-clair.

La base de l'aiguille du Midi fournit une assez grande variété de roches:

D'abord, un filon de *vrai granit*, composé de quartz, feldspath et mica noir, puis des porphyres gris à la jonction des gneiss et de la protogyne, et qu'on retrouve en plusieurs autres points.

Les Grands-Mulets sont composés d'un schiste cristallin gris talqueux, semblable à celui que je viens de signaler à la base de l'aiguille du Midi, mais il est plus chloriteux ; et mêlé de nombreux filons d'amianthe ; les couches verticales sont dirigées du Nord au Sud, comme le massif.

Le rocher supérieur diffère de l'inférieur, il est composé de gneiss ou schiste cristallin talqueux, alternant avec de nombreux filons de diorite ; ce rocher est difficilement accessible, ceux qui apparaissent au-delà le sont encore davantage. Le manteau de glace qui recouvre ces lieux empêche de préciser le point, peu éloigné, où commencent les protogynes.

Les rochers qui dominent et encaissent le glacier des Bossons, sont aussi variés de composition que de contexture, et présentent une foule de variétés :

Protogyne à petits et à grands cristaux de feldspath, avec quartz hyalin violâtre, avec nids de chlorite, chaux carbonatée en rognons.

Granite, composé de mica argentin, de feldspath, noir et de quartz hyalin soudé au gneiss, en filon dans le schiste cristallin à Mimont.

Protogyne grise, granite et gnégine de Boubée, à grains moyens, plutôt grenue, granitoïde, composée de talc verdâtre un peu chloriteux ; de feldspath orthose, quelquefois associé à de l'oligoclase et du quartz.

La protogyne type du Mont-Blanc contient cinq éléments différents :

1º. *Quartz* plus ou moins cristallin, gris-violâtre, blanchâtre ou enfumé.

2º *Feldspath* orthose, généralement blanc ou grisâtre, fauve, rosâtre, écarlate, pâle et quelquefois même en cristaux maclés.

3º *Feldspath* oligoclase ou albite; se distingue, quoique difficilement, du précédent par ses stries parallèles microscopiques; il est tantôt d'un blanc de lait, tantôt verdâtre ou vert grisâtre, ou vert émeraude, et ses cristaux sont alors pénétrés d'une multitude de paillettes de talc.

4º *Mica* à deux axes, à base de fer, d'un vert plus ou moins foncé et sans éclat dès qu'il est un peu altéré. Ce minéral est le plus constant dans la protogyne, après le feldspath orthose.

5º *Talc* en lamelles nacrées, contournées, très minces, intercalées entre les autres minéraux de la protogyne. Sa couleur est variable, mais généralement vert céladon, vert émeraude ou vert grisâtre.

Les protogynes à structure granitique présentent une cristallisation très nette et distincte, le quartz y est abondant et hyalin; l'orthose, en cristaux translucides et éclatants, se distingue facilement; l'oligoclase est abondant aussi; le talc y est en moindre quantité, et le mica en très faibles proportions; ces protogynes granitoïdes constituent la majeure partie de celles de la chaîne du Mont-Blanc, tandis que les protogynes schisteuses appartiennent généralement au massif des Aiguilles-Rouges, leur cristallisation est plus confuse, le quartz, peu abondant, est en petits grains, l'orthose est opaque, les arêtes des cristaux sont émoussées, l'oligoclase est fortement pénétré de talc à feuillets stratiformes, les lamelles de mica y ont moins d'éclat, sont moins distinctes et d'une couleur moins foncée.

1ʳᵉ Famille. — **Feldspathique** (*Phanérogènes*)

PROTOGYNE (Giurine) roches des premiers âges.

Les plus anciens de la période primitive (azoïque)

Synonymes (granite veinée de Saussure). **Arkesine. Alpen-granite (Studer). Protogyne-Allem.**

Variété de composition, roche grenue, composée de **talc verdâtre** communément chloriteux, diffèrent du granite en ce que la chlorite remplace le mica, et à cinq minéraux différents, le quartz généralement cristallin grisâtre, noirâtre et violâtre, plus rarement blanchâtre.

Feldspath orthose généralement blanc-grisâtre et même souvent rosâtre ; oligoclase tantôt d'un blanc de lait, tantôt d'un vert grisâtre ou d'un vert d'émeraude, qui est dû à l'interposition d'une multitude de très petites lamelles de talc qui pénètrent le feldspath, lorsque l'oligoclase est blanche, elle devient très difficile à distinguer ; le blanc de l'orthose est translucide tandis que l'oligoclase est mate ou très légèrement verdâtre.

L'oligoclase est caractérisée par les tries parallèles et microscopiques, et le plus souvent avec des cristaux complexes mêlés.

Le mica a deux axes très riches en fer, de couleur verte plus ou moins foncée du talc en lamelles très minces intercallés entre les divers autres éléments de la roche.

PROTOGYNE **porphyroïde grise**, le plus souvent à deux feldspaths de couleurs différentes à cristaux disséminés et plus gros que ceux qui constituent la masse de la roche l'orthose et l'oligoclase; roche typique de tout le massif central de la chaîne.

PROTOGYNE **rouge,** c'est une belle roche bien partagée à feldspath orthose rosâtre, quartz également rosâtre moins prononcé, en petite quantité noirâtre, très talqueuse, en banc peu développé dans la précédente.

PROTOGYNE **jaune à feldspath orthose jaunâtre-rosâtre,** quartz brun, chlorite noirâtre, également l'orthose, est d'une belle couleur jaune bien prononcée à grains moyens avec épidote thallidique. *Grand couloir sous les Charmoz, vallée de la Mer de Glace.*

PROTOGYNE **blanche à gros grains,** formant de petites cavités, remplies de petites paillettes de titane dorées et des aiguilles d'anatase, l'épidote d'un blanc verdâtre du feldspath orthose, gris texture, grossière, caverneuse. Moraine latérale gauche de la *Mer de Glace.*

PROTOGYNE **grise molybdénique,** ayant la plus grande analogie avec la protogyne grise, son grain est moins grossier sur lequel sont agglomérées de nombreuses paillettes de molybdène sulfurée. Sommet de l'aiguille du Midi, du Tacul et du Mont-Frety, à gauche en montant, en se dirigeant contre le *glacier de la Brenva.*

PROTOGYNE **porphyroïde verdâtre à gros grains,** renfermant de remarquables et beaux cristaux d'amphibole d'un vert noirâtre, quartz et feldspath d'un vert pâle comme son talc en blocs épars apportés par le glacier de Miage, dans l'Allée-Blanche et de Bionnassay. *Val de Mt-Joie et celui des Bossons.*

PROTOGYNE **porphyroïde ou porphyre graniloïde feldspathique.** Cette roche contient du quartz hyalin apparent, à grands cristaux d'orthose maclés de 15 à 16 mill. avec l'oligoclase translucide tirant sur le brun gris, à pâte cristalline, à chlorite noirâtre, d'un aspect d'un blanc jaunâtre. *Vallée de la Mer de Glace.*

PROTOGYNE **gneissique rose** ou **gneiss porphyroïde.** Son facies est plutôt protogynique avec son feldspath orthoclase d'un beau rose hémitrope, elle forme plusieurs variétés de passages des granulités au gneiss en large salbande autour de *l'Aiguille-Noire sur Pormenaz,* appartenant aux terrains houillers très développés *sur cette montagne.*

PROTOGYNE **coryndonitique,** roche d'un très bel aspect enchevêtrée de nombreux cristaux de coryndon hyalin, saphir ou béril avec épidote et chlorite verdâtre, quartz brun et son feldspath grisâtre en blocs isolés dans le grand couloir qui descend directement de l'Aiguille et du Glacier des Charmoz, elle forme un banc sur le flanc de l'Aiguille des Charmoz, qui regarde la Mer de Glace.

PROTOGYNE **blanche** avec paillettes dorées de titane dans les cavités de la roche, contenant des aiguilles de titane anatase, de l'épidote d'un blanc verdâtre, du feldspath orthose gris, texture grossière, caverneuse, en blocs isolés dans un couloir situé sous les Charmoz, *Mer de Glace.*

PROTOGYNE **thalitique talqueuse verdâtre.** Chlorite noirâtre presque dominant à facies talqueux gneissique. *Moraines latérales du Glacier des Bossons.*

PROTOGYNE **ferrugineuse altérée graniteuse,** l'oligoclase nacré est jaune blanchâtre ; elle prend une apparence caverneuse par la décomposition et la disposition des particules ferreuses, on la trouve avec la suivante *dans les moraines latérales du Glacier d'Argentière.*

PROTOGYNE **altérée olivâtre à feldspath blanc,** quartz gris, légèrement ferrugineuse avec la précédente.

PROTOGYNE **pyrrhotinique** ayant de nombreux cristaux de pyrrhotin, d'un aspect thalitique à grands cristaux, d'oligoclase blanc grisâtre, l'orthose moins abondant, quartz gris dominant à petits grains verdâtre, compacte, à chlorite noirâtre, à facies thalitique, épidozite, *du Torrent des Pèlerins.*

Sous-variété thalitique à grains très fins donnant lieu à de nombreuses sous-variétés, selon la finesse du grain et l'abondance de l'épidote. *Source d'Arveyron et moraines latérales du Glacier des Bossons.*

PROTOGYNE **talqueuse rosâtre à grands cristaux hémitropes** de feldspath orthose blanc jaunâtre, l'oligoclase rosâtre, talqueux d'un vert sombre, contenant de nombreux cristaux albitiques, formant le massif culminant des *Aiguilles Rouges.*

PROTOGYNE **grise très talqueuse à grain fin, quartz brun** du plus haut rocher, visite vers *la cime du Mont-Blanc.*

PROTOGYNE **grise altérée, feldspath blanc, quartz blanchâtre** à deux feldspaths oligoclases et orthoses blancs avec de petits cristaux microscopiques, analogues à ceux du Realgar. *Massif central de la Mer de Gluce et Source d'Arveyron.*

PROTOGYNE **noirâtre** avec quelques rares paillettes de mica ou chlorite noirâtre presque dominant à feldspath également noirâtre et quartz brun qui lui donne un aspect d'une roche d'un facies tout particulier. *Moraines des Bossons.*

PROTOGYNE **verdâtre talqueuse** passant au gneiss talqueux à grands cristaux de feldspath, orthose héliotropiques, chlorite peu abondant et talc dominant verdâtre. *Vallée de la Mer de Glace.*

PROTOGYNE **rouge** à feldspath orthose rougeâtre pâle et quelquefois d'un éclat écarlate. *Mer de Glace.*

PROTOGYNE **jaune** à orthose jaunâtre, quartz brun talc chloriteux verdâtre, base de l'aiguille du Dru, la même variété mais à petits grains du Géant.

Seconde sous-famille à deux éléments.

Feldspath et mica ou quartz et mica.

GNEISS ou **polaïopètre de Saussure**, ancienne pierre, est composée d'orthose et de mica, le quartz s'y trouve d'une manière accidentelle, comme le talc de la chlorite lorsqu'il remplace le mica, granite veiné, granité de coquant, *Amausite, Gneissite, Cornubianite, Protéolite, Alpenite, Studer.*

GNEISS **talqueux gris, plissé, et contourné, à grands cristaux d'orthose blanc,** *en bancs puissants des Charmoz.*

GNEISS **blanc à mica noirâtre.** C'est un type à très grandes et belles lames de mica noirâtre et à feldspath compacte blanc, constituant toute la base de l'Aiguille *du Brevent sur Chamonix.*

GNEISS **à petites lamelles de mica,** également de même nuance supperposé au précédent.

GNEISS **à petites paillettes brunâtres**, formant de grandes assises sur toute la chaîne *des Aiguilles Rouges et du Brevent.*

GNEISS **à mica noirâtre, en petites lamelles veinées de quartz** et de feldspath blanc, en grandes assises sur *la Loriaz et des Aiguilles Rouges.*

GNEISS **à mica noir brunâtre surmicacé** très quartzifère, formant le passage des gneiss aux **micaschistes**, micaschiste micacété subordonné au Gneiss, *à la base de la Floriaz.*

GNEISS **à mica vert en veine, à petites lamelles** quartz de feldspath blanc en veine, également en grandes assises à *Barberine.*

GNEISS **à gros grains quartzeux et talqueux**, à grands cristaux de feldspath donnant un aspect porphyroïde ou granitoïde à cette roche. Les Charmoz et sur quelques autres points du *massif central de la chaîne.*

GNEISS **à mica vert en veines blanches** par son quartz, et vert **par son mica**, à *Barberine.*

GNEISS **jaune rosâtre** à mica blanc brunâtre et feldspath orthose jaune, base de la *Loriaz à Valorsine.*

GNEISS **alpinite ou gneiss**, contenant le feldspath oligoclase, assez fréquent sur le massif central de la *chaîne du Mont-Blanc.*

GNEISS **avec de très petites et peu nombreuses paillettes de mica** semi cristallisés, en grandes assises aux *Crautes* près le Montanvert.

GNEISS **à mica argentin extrêmement brillant**, en très petites et peu nombreuses paillettes disséminées dans une pâte feldspathique et quartzeuse jaunâtre, base de *l'Aiguille du Brevent.*

GNEISS **blanc** maculé de très belles et larges lames de mica noirâtre constituant une partie du massif de l'Aiguille du Brevent sur Chamonix.

GNEISS **talqueux gris** avec fer oligiste en assises puissantes au sommet de la Filliaz sous le Montanvert.

GNEISS à grands cristaux mica brun noirâtre subordonnées à l'assise précédente, aux Crautes sous le Montanvert.

GNEISS **gris**, plissé et contourné très talqueux s'appuyant sur les couches précédentes au-dessus du Montanvert.

GNEISS à grands cristaux à noyaux quartzeux ressemblant au feldspath au point de le confondre facilement avec lui. *Torrent de la Pendant.*

GRANITE **albitique jaune avec pyrrhotin**, elle est caractérisée par ses stries un peu éloignées sur clivages plus nettes, et par ses courbures des clivages. *Torrent des Pèlerins.*

LEPTYNITE, **Haüy amincer, atténuer à grain fin. Granulite Weisstein, gerl à feldspath. Grenu à grain très fin compacte. Granulite Léonard. Amausite gerl. Whitestone des Anglais.** Pierre blanche à grain fin compacte, granite feldspathique. **Granulaire Fournet,** le feldspath orthose est grenu et le quartz sabloneux, ayant un peu le facies des grès fins blancs.

LEPTYNITE grise à très petit grain de feldspath, orthose et oligoclase d'un blanc pur; quelques variétés ont de petites taches de chlorite et d'amphibole. *Vallée de la Mer de Glace.*

LEPTYNITE **jaune, variété de passage avec certaine protogyne.** Les deux feldspaths, comme les grains de quartz sont jaunes, en rognon dans la protogyne. *Vallée de la Mer de Glace.*

LEPTYNITE **feldspathique grise**, un peu schistoïde compacte, au Montanvert et aux Mottets, alternant avec le porphyre.

LEPTYNITE **talqueuse feldspathique** compacte grise, formant le passage au gneiss par ses rares paillettes de mica, alternant aux porphyres et aux eurites des Mottets.

LEPTYNITE **sous-variété** de la précédente, un peu plus granulaire et chargée de **paillettes de mica** à Hortaz.

LEPTYNITE **tonalitique**, formant le passage des **leptynites** aux **tonalites** moins bien partagées ou développées, passant aux **stéaschiste gneissique** ou leptynoïde tubulaire. *Ancienne moraine des Thynes.*

LEPTYNITE **ferrugineuse, rouge en veine** à particules **ferrugineuses microscopiques ;** colorant la roche à la base du Buet, sur Pierre à Bérard.

LEPTYNITE **sous-variété, granulaire rougeâtre,** avec feldspath orthose rosâtre et d'autres petits cristaux d'oligoclase moins foncé, d'un aspect granitoïde, dans laquelle sont disséminés de nombreuses particules de fer, donnant lieu à diverses roches de passage du granite à la protogyne, de celle-ci aux gneiss avec tous les caractères de transformation aux eurites, conservant, malgré les divers états de passages, son caractère ferreux rougeâtre. Base du Buet sur Pierre à Bérard.

LEPTYNITE **serpentineuse et chloriteuse micacée,** en assises alternant avec le gneiss, à Nant-Profond.

LEPTYNITE **ferrugineuse ou granulite ferrugineuse**, colorée par la décomposition des particules de son fer, qui se répand sur la roche et lui donne une apparence rougeâtre, qui lui a fait donner le nom d'Aiguilles-Rouges.

GRANULITE est synonyme de leptynite, je désigne plus spécialement sous ce nom les roches de contexture plutôt granitoïde, comme son nom l'indique. Granuleux schistoïde, **talciteux jaune blanchâtre**, en tout semblable à la roche de **Maschendorf** en Moravie, dans laquelle il y a de **petits cristaux verts de chrysobéryl ou de fergusonite**, dont je n'ai encore pu en découvrir dans le petit nombre d'échantillons examinés; mais par contre il y a dans la sous-variété suivante.

GRANULITE **talciteux à pâte d'un jaune blanchâtre**, parsemé de très minces aiguilles de tourmaline allongées, d'une très grande abondance dans la roche que je nomme granulite tourmalinifère de la Griaz.

GRANULITE **rose gneissique rouge (jaspe rouge)** à grains moyens, à mica noir, la partie blanche est un feldspath orthoclase, les parties de l'oligoclase est un mica en très petite quantité; c'est une fort belle roche d'ailleurs et de passage du gneiss granulitique au granite granulitique, encaissée dans une assise de quartzite verdâtre, à la base du Mont-Fort, au pied de Vaudagne.

GABBRO, **von Bruch. G. rose. Gabbro diallage roche. Granitone diallage Descloizeau. Labradorite ou saussurite, serpentine porphyroïde** Cordier, composée de feldspath, labradorite gras blanc ou **anorthite smaragdite ou hypersthénite** généralement grenue, très tenace. Apportée par le Glacier de Tacconnaz.

DIALLAGE feldspathique klinoclastique du VIIe système **verdâtre**, à cristallisation incomplète, passant de l'état compacte et quelquefois à éclat métallique d'un beau vert d'émeraude foncée ayant un aspect analogue aux diorites ordinaires, dont elle en dérive au point de la confondre avec elle; de même provenance Tacconnaz, **roches phanérogènes.**

ECLOGITE **Haüy omphazite, omphazifels, éklogite, omphacite, roche smaragdite formé de matière** de choix de diallage dominant verdâtre, lamellaire rougeâtre ou grenu fibreux en couches verticales d'une assez grande étendue. Grande masse dans les terrains stratifiés cristallins du sommet des Aiguilles-Rouges autour du Lac-Cornu, alternant avec un gneiss grenatique brun, en couches verticales se dirigeant à peu près du Sud au Nord-Est.

KINZIGITE **de W. Fischer, à mica noir, à feldspath oligoclase** grenat sans orthoclase et sans quartz, d'un aspect et d'une contexture granitoïde noire; a été aussi nommé cordiérite fibrolite, lorsque le mitrocline se substitue à l'oligoclase, W. Fischer inlitt. Moraines latérales du Glacier des Bossons et des Pèlerins.

Sous-famille des **Roches talqueuses.**

TALCITE **Cordier, dérivé de talc, talc schistoïde** de Haüy, **talcschiste glimmer, stéatite, stéaschiste, Talkschiefer,** à base talqueuse ou stéatiteuse avec feldspath texture schistoïde, stéatite de Brongniart. La pierre ollaire chloritoschister Coquand, talcoïde Naumann.

TALCITE **phylladifère d'un gris noirâtre, graphitique gneissique,** passant au gneiss. Base de la Filliaz.

TALCITE ollaire stéatite, ollaire talcoschiefer Werner. Topfstein all., potston angl. Quelquefois avec noyau de quartz ou de feldspath accompagnant souvent les ophiolites des terrains primaires métamorphiques, en banc sur plusieurs points de la chaîne centrale au Montanvert, en veine blanche et noire aux Aiguilles Rouges et à Vaudagne.

TALCITE chloriteux, schiste chloriteux ou chloritique, stéaschiste chloritique, schiste, Chloritoschiefer, Topfstein, composé de talc ordinaire mêlé à une quantité plus ou moins grande de chlorite, dans laquelle la Diozaz a creusé son lit sur une grande partie de son parcours inférieur.

TALCITE feldspathique Cordier. Dolerine (Jurine) noduleux vert, stéaschiste noduleux, contenant des noyaux de feldspath et de quartz, enveloppés par le talc sous forme glandulaire, subordonnés au gneiss en couche d'une faible épaisseur, alternant entre le gneiss et la protogyne sur une partie du flanc de cette chaîne dans la vallée de Chamonix. *Fouilly et Nant de la Pendant.*

TALCITE porphyroïde formant le passage des **talcites aux protogynes,** à noyaux de feldspath ou de quartz, enveloppés par des feuillets talqueux, d'une dimension variable; aux Charmoz. Plissé et onduleux à la grande Chenaz *Montanvert.*

TALCITE fibrolitique, W. Fischer, avec cristaux de fibrolite, subordonné au gneiss, sous l'Aiguille du Gouté, de Tacconnaz et la Griaz (déterminé par M. Fischer.)

TALCITE quartzifère à grains très fins blanchâtres, formant de très petit lit, alternant avec le talc, passant au hyalotalcite ou quartzite talcifère à grain fin itacolumite, assises subordonnées au gneiss des Mottets. Glacier des Bois.

TALCITE amphibolitique, roche de passage, entre les roches talqueuses et amphibolitiques à pâte talqueuse avec quelques parties d'amphibole. Tacconnaz et Glacier des Bossons.

Roches secondes, plutoniques ou contestées

composées à deux éléments

dérivées des syénites, sous-famille des

DIORITES Haüy Grünstein des Allem. Diabase Brong. Granitoïde dioritique Cordier. Timazite Breythaupt. **Variété stratiforme** dans laquelle le Hornblende vert ou d'un gris verdâtre ou vert noirâtre, le feldspath est un oligoclase ou plutôt labradorite ou même anorthite avec de beaux cristaux d'albite d'un blanc éclatant, passant insensiblement aux syénites, qui n'en sont d'ailleurs qu'une modification. Cette variété se trouve subordonnée au gneiss sous l'Aiguille du Gouté et de Bionnassay.

Des **variétés de diorite** passe à des protogynes amphibolitiques, les microlithes d'actinote allongés et à contours lamelleux, comme frangés ; abondent souvent aux moraines de Tacconnaz.

DIORITES 2me **variété cristallifère stratiforme zonaire**, dans laquelle l'amphibole et le feldspath sont par zone concentrique, ce qui donne un aspect rubané à la roche subordonnée au Gneiss. Moraine de Tacconnaz.

DIORITES 3me **sous-variété, porphyroïde orbiculaire,**

schistoïde albitifère, labradorite, anorthite en beaux cristaux hemitropes, albitiques alternant au gneiss grenatite et à l'éclogite des bords du Lac-Cornu. Sur les Aiguilles-Rouges.

DIORITES 4me variété cristallifère, contenant le feldspath anorthite ou labradorite, de l'amphibole et de l'épidote thallitique verdâtre, qui lui donne un aspect protogynique ou même syenitique grisâtre, en rognon ou filon dans la protogyne des blocs isolés des moraines de la Mer de Glace.

DIORITES 5me sous-variété où le feldspath est parfaitement blanc, l'amphibole noir verdâtre, disséminé dans une pâte granulaire, celle-ci est une des plus belles variétés et bien caractérisé du massif de cette chaîne, formant l'Aiguille Pitschner ou des Grands-Mulets supérieurs.

Première sous-famille.
Roches composées à trois éléments.

SYÉNITE Werner. Syène, ville d'Egypte, synaïte, granitelle, granitoïde de Saussure, granite amphiboleux, **pierre** *de la thébaïde, granite amphibolifère, granite rouge*, se compose de feldspath lamellaire, de quartz et d'amphibole, Hornblende d'un vert foncé qui remplace le mica et dominant le feldspath des syénites et généralement de l'orthose, quelquefois de l'oligoclase subordonné aux protogynes ; au-dessus des gneiss sous l'Aiguille du Midi, Pierre à l'Echelle, du Goûté à Bionnassay.

SYÉNILITE de **Cordier**, dérivée des syénites, dont elles ont tous les éléments constituants, moins la couleur des feldspaths, que je crois identifier à l'albite et à l'oligoclase, dont les cristaux ont jusqu'à 5 centim., l'amphibole d'un vert d'herbe moins bien régulièrement disséminé que dans l'espèce précédente.

SYÉNILITE 1re sous-variété albitifère blanc verdâtre d'un aspect granitoïde vert blanchâtre, en blocs isolés sur la moraine frontale des Bossons.

Roches amphibolitiques, phanérogènes. Amphibole Léonard, amphibole Hornblendefels, amphibole Hornblendeschiefer, Greenston des Anglais, Hornblénithe de Boubée, roche composée presque exclusivement d'amphibole Hornblende à contexture grenue de Feldspath, labrador et d'oligoclase, à grains très fins compacte, cristallifère d'un noir foncé vert, en amas stratiforme subordonné au gneiss; à Tacconnaz, sous l'Aiguille du Gouté.

AMPHIBOLE 1re variété, Hornblende à grands cristaux allongés, prismatique vert noirâtre empâté dans un Feldspath oligoclase blanc, dominant à texture lamellaire et granitoïde, en filon dans les schistes cristallins talqueux. Montagne de Tacconnaz, sous les Grands-Mulets.

AMPHIBOLE 2me sous-variété, grammaliteux trémolite, elle comprend les variétés d'amphibole à poussière blanche et à cristaux en aiguille d'un beau vert d'émeraude à texture fibreuse en petits rognons dans le terrain primaire. Vallée de la Mer de Glace, du Lac-Cornu, sur les Aiguilles-Rouges et au Nant-Profond.

AMPHIBOLE 3me sous-variété actinolite aciculaire, Stralstein, actinolith, Schiefer d'un vert presque pur à texture grenue, en filon dans les terrains primaires talqueux. Vallée de la Mer de Glace.

AMPHIBOLE **4me sous-variété asbestoïde talqueux verdâtre.** Cette sous-variété se trouve dans les mêmes roches que la précédente, ayant comme partie dominante un talc abestoïde fibreux, en petits rognons dans les roches protogyniques. Centre du massif de la Mer de Glace.

Les Grands-Mulets supérieurs, l'Aiguille du Gouté, de Bionnassay sont presque entièrement amphibolitiques entre les salbandes de gneiss et de protogyne.

Nous trouvons aussi des noyaux plus ou moins grands d'amphibole, disséminés dans la protogyne grise dans toute l'étendue du massif central. Ces deux roches seraient-elles donc contemporaines ou l'amphibole semblerait être plus âgé que la **protogyne.**

ARKESINE **(jurine)**, roche composée de quartz, de feldspath, d'amphibole, de stéatite et de chlorite; elle a été réunie ordinairement à la protogyne en raison de sa tendance graduelle à se rapprocher de cette dernière. *Moraines latérales des Bossons.*

Famille des hypersthènes dérivées, d'hypersthène.

Hyperstenfels, Hypersthène, Syénite.

Hyperite.

1re **sous-variété à petits cristaux d'amphibole presque compacte, W. Fischer,** presque exclusivement composée d'amphibole de cristaux d'hypersthène, ayant une grande similitude d'aspect avec les amphiboles compactes, forme par un mélange de grains de labradorite, d'amphibole et d'hypersthène parallèle entre les axes principaux, des prismes rhomboïdaux, qui forment les faces des deux clivages qui sont ici à l'état compact; c'est une variété d'euphotide dont la diallage serait remplacée par l'hypersthène ou une modification de la diallage, dont elle ne différerait que par sa plus grande dureté et d'une teinte plus foncée d'un noir sombre; est formé outre la diallage par de l'amphibole compacte. Glacier des Bossons.

Sous-famille des roches à quatre éléments.

Jaspe rouge opalin hydrophane, associé à du quartz blanc ferrifère et une substance talqueuse verdâtre, contenant de l'opale et du quartz intimement mélangé avec du peroxyde de fer opaque.

2ᵐᵉ sous-variété rubané, qui tient à la présence de quelques parties phylladiennes formant un rognon, une masse même assez considérable dans le fond du Torrent du Gibeloux, en montant par l'ancienne route au village à Sᵗ-Gervais.

EPIDOZITE Pilla, Pistazifels, Pistacit rocke. Roche composée d'épidote soit grenu fibreux ou à l'état compacte, généralement vert pistache, en petits rognons dans les terrains primitifs, aux Pélerins.

EPIDOZITE 2ᵐᵉ sous-variété phyrrhotinique avec pyrrhotin en rognon comme l'espèce précédente. Torrent des Pélerins et du Dard.

EPIDOZITE 3ᵐᵉ sous-variété protogynique ayant tous les caractères d'une belle protogyne ou le talc et la chlorite, sont remplacés par l'épidote qui domine avec le feldspath orthose et le quartz à grain granitoïde. Des moraines latérales de la Mer de Glace et du Glacier des Bossons.

EPIDOZITE 4ᵐᵉ sous-variété talqueuse granitoïde, comme la précédente avec la matière talqueuse en plus. Des moraines latérales des Glaciers des Bois et des Bossons.

HYALOTOURMALITE Daubrée. Tourmalite Cordier sœm., quartz tourmalinifère, granite tourmalinifère granitoïde composée de quartz grenu avec de grandes et belles aiguilles de tourmaline noire, quartz granulaire avec des cristaux assez volumineux de feldspath orthose, donne à cette roche un aspect granitoïde, en rognon dans les rochers qui descendent du Brevent.

Roches simples et secondaires, éruptives en filons.

SERPENTINE analogue à la teinte ou bigarrure des serpents, **ophiolite de Brong. Marmolite, Schillerfels,** constituent des assises stratiformes dans les terrains de gneiss; de mecaschiste, de talschiste, dérivé de la transformation d'une autre roche d'amphibole, lorsqu'il est l'unique élément de la roche ou d'un pyroxine ou de peridot; mais ces deux dernières substances n'ont pas encore été rencontrées jusqu'ici sur cette chaîne, tandis que l'amphibole s'y trouve abondamment en constituant souvent l'unique élément de la roche; nos belles serpentines dériveraient problablement des amphiboles.

1re **sous-variété uniforme d'un vert d'herbe,** en filon dans le gneiss, l'ayant probablement percés avant leur consolidation; entre Hortaz et la Source d'Arveyron à 100 mètres au-dessus de la plaine.

2me **sous-variété brunâtre ou d'un noir verdâtre** foncé, à structure écailleuse, contenant de nombreux cristaux de penninite à la Filliaz, près le Glacier des Bois, en filon dans le gneiss.

3ᵐᵉ sous-variété verte polie et comme laminée, sous la pression d'éjection en filon de 5 à 10 centimètres d'épaisseur entre les couches de gneiss du plus beau cristallin en couches verticales, au sommet des Aiguilles-Rouges entre le Vallon de la Balme et le Lac-Cornu.

4ᵐᵉ sous-variété Penninite stratiforme dure d'un vert clair, entremêlée de très minces plaques de talc anthophillite avec de nombreux cristaux également de penninite, au Nant Profond ou des Pélerins.

5ᵐᵉ sous-variété noirâtre traversant la Protogyne en filon entremêlée avec le talcite. Ce mince filon, au milieu des protogynes, est assez remarquable parce qu'il se partage par presque égale part entre ces deux roches, 5 centimètres de talc, puis ensuite 5 centimètres de talc, il y a rupture alternativement à chaque 5 centimètre. Au-dessous du Lac-Cornu sur les Aiguilles-Rouges.

OPHIOLITE de Brong., roche hétérogène ou brèche serpentineuse, pseudofragmentaire Cordier, s. calcifère, calcaire serpentinifère, serpentine schisteuse d'un vert sombre à vénule calcaire ou de schiste cristallin noduleux serpentineux; enclavé au pied des rochers talqueux, sous Pierre-Pointue.

OPHIOLITE. 2ᵐ sous-variété stéatiteuse talqueuse, variété de la serpentine plus ou moins magnésifère hétérogène, enveloppant de grands cristaux d'orthose plus ou moins formés par le silicate, associé au fer occidulé, subordonné au gneiss. Au-dessus du Moulin du Praz.

Ophicalce Brong., Saussure d'homalius, marbre serpentineux.

1re **sous-variété de serpentine**, plus ou moins entre-coupée de veines, de taches irrégulières de calcaire, d'un aspect Brechforme. Moraine latérale droite du Glacier des Bossons.

OPHICALCE **chloriteuse**, contenant en presque égale proportion de chlorite ou de serpentine et même du talc uniformément répandu dans la masse; au Torrent des Pélerins. Roches en filon.

GRANITITE ou **granite porphyroïde en filon**, dans les gneiss et en grandes assises vers la Cascade de Berard, en très beaux cristaux d'orthose héliotro-piques et à mica noirâtre très brillant; aux Rupes sur Valorsine.

GNEISS **granulitique, roche formant le passage du granite à la granulitique et au gneiss,** a été souvent nommé à tort leptynite ou granite fin des Allemands, son facies a beaucoup de rapport avec le granite de baveno et la protogyne, gneiss et micaschiste grenu.

GRANULITE **rose à grain moyen à mica noire,** oli-goclase et orthose rosâtres, passage de la granulite au gneiss en filon; à Valorsine.

GRANULITE **granitique passant au gneissique,** les parties blanches orthoclase, les rouges oligoclase et le mica en très petite quantité, connue sous le nom de jaspe de Vaudagne, en filon dans une eurite ver-dâtre, colorée par la décomposition du cuivre.

TONALITE **Gerh et Rath.** Ce nom est emprunté à un pays du Tyrol méridional dans la vallée d'Adamello, dans laquelle se trouve le Mont-Tonale. Cette roche est caractérisée par son feldspath oligoclase gris strié, de quartz achroïtique et sans couleur sans mica, figurent sur mon catalogue précédent.

TONALITE noirâtre à très grands et beaux cristaux d'orthose brun à strie très prononcées comme l'oligoclase, figurant sous le nom de pegmatite brun sur mon catalogue. Torrent de Tocconnaz et la Griaz.

TONALITE gneissique noirâtre à grands cristaux d'orthose à mica noirâtre assez abondant, passant aux micacites de mon catalogue.

TONALITE pegmatique jaune à feldspath orthose jaune, l'oligoclase strié translucide d'un blanc grisâtre grenu parsemée de quelques grandes plaques de mica blanc sans éclat, ainsi que de très belles aiguilles de tourmaline noire, que j'avais primitivement dénommée pegmatite jaune, par suite en effet de sa pâte feldspathique granulaire, comme figée.

TONALITE gneissique, roche vraisemblablement analogue au tonalite, mais moins bien développée, ancienne moraine des Thynes (un peu talciteuse) que j'avais indiqué d'abord gneiss talciteux tabulaire.

TONALITE porphyroïde, le clivage du feldspath est nettement strié, les autres clivages suivent la direction non striée, bien cristallisée, aux Mottets à la base de la Mer de Glace.

Sous-famille des **porphyres.**

PORPHYRITE, Porphyre petrossiliceux, Cordier Porp., quartzifère feldspathique, melaphyre ou porphyre noir, Coquand eurinite de Boubée, Hornstein porphyre, porphyre granitoïde ou granitique, Glimmer porphyr, Feldstein porphyr, Felsit porphyr.

PORPHYRITE 1re sous-variété tonalitique composée d'une pâte pétrossiliceuse grise à feldspath orthose compacte avec des taches blanches de feldspath oligoclase ou albitique, le clivage du feldspath est visiblement microscopiquement strié, en couches presque verticales alternantes avec et au milieu des gneiss, qu'on peut suivre depuis les Mottets, sous le Glacier des Bois jusqu'au Plan de l'Aiguille ou la Tappiaz.

PORPHYRITE 2me sous-variété porphyroïde tonalitique (W. Fischer). Un clivage se montre, très nettement strié, les autres suivent des directions non striées, en très beaux et très grands cristaux de feldspath brun, alternant au gneiss (W. Fischer) à Tacconnaz et à la Griaz.

PORPHYRE plus ou moins micacé, présentant pétrographiquement un certain nombre de variétés et de passages assez nombreux à feldspath microlitique orthose et oligoclase à microlithe allongé de mica noir.

Saussurite Beud. Feldspath tenace, euphotide Hauy, Graniton d'Homalius vers di Corsica se compose essentiellement de diallage verdâtre, un feldspath compacte albitique, l'euphotide a beaucoup d'analogie avec les serpentines, quoique nous avons dans les moraines des Glaciers de la Vallée un certain nombre de variétés de serpentine, aucune ne peut se confondre avec l'euphotide qui n'a encore été trouvée dans la vallée, quoiqu'on l'a signalé en blocs erratiques dans la Vallée du Rhône et du Léman, provenant des Vallées de Saas ou d'Evolena. Le jade se trouve assez rarement comme pierre roulante dans la Vallée de Bérard et les moraines des Bossons.

SAUSSURITE 1re **sous-variété grise verdâtre à base** de feldspath et diallage, roche extrêmement tenace, d'une plus grande dureté que les pétrossileux, se rapprochant au point de la confondre avec certaine serpentine, dont elle dérive probablement d'un feldspath, labradorite imparfait ou de l'orthoclase qu'on trouve par fragments isolés, en forme de petits amas, près des serpentines à la partie supérieure du Torrent des Pélerins et la moraine droite des Bossons.

Roches en filons dans diverses couches de Gneiss.

GRANITE (granitite de Ros.) est composée de feldspath généralement orthose, quartz et mica, tandis que dans la protogyne le talc ou chlorite remplace le mica, roche cristalline grenue.

GRANITE 1re **sous-variété** à grain très fin ou fissile. **Granulite de Fournet** se compose dans les deux tiers de sa masse de feldspath, quartz avec une petite partie de paillettes de mica en filon dans les gneiss des *Rupes sur Valorsine.*

GRANITE 2me **sous-variété** à gros grains ou à grands cristaux de feldspath orthose ou même albitique hémitropique ayant jusqu'à trois centim., est le contraire du précédent, ce sont les deux seules variétés constituant le vrai granite avec le précédent aux *Rupes sur Valorsine.*

QUARTZITE ou quartz en masse à grain fin à l'état compacte, une grande similitude d'aspect avec les eurites; c'est une roche simple formant des filons entre-coupant la protogyne, qu'on trouve des cavites nommés fours à cristaux, assez répandus sur les parties les plus inaccessibles des sommités qui dominent la partie supérieure de la *Mer de Glace*.

QUARTZITE 1re **sous-variété rosâtre schistoïde en filon alternant avec les Gneiss,** sur le revers nord des *Aiguilles Rouges*.

QUARTZITE 2me **sous-variété blanc amorphe** ou quartz en roche en rognon aux *Charmoz* et à *Argentière* à la base de l'*Aiguille du Chardonet*.

QUARTZITE 3me **sous-variété laiteux** en filon et en rognon au-dessus des *Chalets* de la *Flégère* sur les *Aiguilles Rouges*.

QUARTZITE 4me **sous-variété verdâtre, vert d'herbe** renfermant de nombreuses pyrites cuivreuses qui ont donné cette teinte à la roche par suite de la décomposition en amas, encaissant la granulite rose de Vaudagne.

QUARTZITE 5me **sous-variété rose pâle, jaspoïde ou sinople en amas dans les curites** talciteux des montées au-dessus de la nouvelle route entre le pont de *S*te*-Marie* et le *Chalet* au bord de la route.

QUARTZITE 6me **sous-variété ou lydiennifère ou quartz lydite noir** compacte à grain très fin Kieselschiefer oder quartz lydien du *Pas* à *Servoz*.

PETROSILEX Dolomien ou feldspath compacte, eurite d'Aubuisson partie des petrosilex d'Homalius. Partie de l'eurite de l'orthophyre pétrosiliceux de Coquand Telston, Telsite rock, Telsifels.

PETROSILEX 1ʳᵉ **sous-variété brun-verdâtre** composée de feldspath compacte, roche assez répandue et occupe des espaces assez considérables en puissantes assises aux *Mottets* et la plupart des sommités autour de *Valorsine* en suivant la base du flanc nord des *Aiguilles Rouges*.

PETROSILEX 2ᵐᵉ **sous-variété vert chloriteux** composé d'un feldspath à pâte compacte verte chloriteuse en puissantes assises du pont de *Coupeau* à celui de *Pélissier* à *Servoz*, tout le massif à droite de l'Arve.

EURITINE **Cordier, Eurite de Brogen, quelque Weistein de Werner, Hornstein, Hornfels, Hornston,** roche composée de feldspath compacte pétrosilex et quelques rares paillettes de mica et de grains de feldspath laminaire ou de quartz à texture compacte, empâtée ou grenue, ont une grande analogie au point de les assimiler aux petrosilex desquels elles dérivent, et même des leptynites ; comme étant des roches imparfaitement cristallisées sont postérieures aux serpentines, en couche dit en amas stratiforme, comparativement d'un âge plus récent sur certain point, comme celles qui sont en filons et qui ont percé les gneiss et d'autres roches plus récentes comme les porphyres. C'est une roche de passage à ces derniers ou porphyre euritique par sa pâte rude esquilleuse, devient par leur association tellement intime qu'il est difficile de saisir les points de séparation, alternant avec le porphyre et le gneiss en couches verticales aux *Mottets* à la base de la *Mer de Glace*.

EURITE 2ᵐᵉ **sous-variété granitoïde grise renfermant** dans sa pâte quelques brillantes paillettes de mica blanc éclatant, ainsi que des grenats rosâtres, en grandes assises alternantes aux porphyres aux *Mot-*

tets, à *Valorsine* et dans la *Vallée de Bénard*, en cailloux roulés.

EURITE 3me **sous-variété verdâtre avec des grains blancs sabloneux**, que j'identifie au feldspath oligoclase, en filon dans le **gneiss** *du flanc méridional de la Vallée de Valorsine, de Bérard, de la Diozaz jusqu'à Servoz.*

EURITE 4me **sous-variété rougeâtre** plus ou moins lydiennifère, talqueux, granitoïde rouge passant au quartzite. *Servoz.*

EURITE 5me **sous-variété rose compacte formant la frête** des sommités de la chaîne des Aiguilles Rouges de la *Orase* à *Bérard* à celle de *Salenton.*

EURITE 6me **sous-variété granitoïde blanc passant** à la pegmatite par ses deux feldspaths orthose et oligoclase à petits grains granulaires ou sableux avec des particules de fer rouge en décomposition, qui lui donnent un aspect pointillé rougeâtre granitique, en couches alternantes avec les gneiss et les porphyres des Mottets à la base du *Glacier de la Mer de Glace.*

EURITE 7me **sous-variété schistoïde** en couches subordonnées au gneiss au flanc occidental de la *Vallée de Valorsine.*

Roches secondaires plutoniques composées.

PEGMATITE **Haüy granite graphite, granite feldspathique** composée de feldspath lamellaire se rapportant à l'orthose, le quartz en petite proportion, le mica le plus souvent d'un blanc argentin, en prisme hexagomeux, ces roches n'ont appurut qu'en filon au milieu des granites ou des gneiss quelles ont traversé, comme par exemple dans la Vallée de Valorsine ou les Dykes, ont été lancés au dehors en traversant plusieurs roches cristallines plutoniques, tout fait éprouver aux roches de contact des métamorphismes assez importants au point de prendre le facies des roches éruptives.

PEGMATITE 1re sous-variété jaune-rougeâtre titanifère avec des cristaux de titane anatase et de tourmaline et un mica roux-jaunâtre, comme s'il avait été brûlé ou décomposé par la chaleur en petit filon dans le gneiss *au pied de la Cheminée du Brevent.*

PEGMATITE 2me sous-variété tourmalinifère granitoïde à gros grains grenus stratiformes dérivés des granites, aussi en filon *à la base du Brevent.*

PEGMATITE 3me sous-variété granulitique et tonalitique avec de fort belles tourmalines noires à pâte de feldspath orthose blanc-jaunâtre et mica blanc argentin un peu talqueux, *à la base de l'Aiguille du Goûté à la Griaz.*

PEGMATITE 4me sous-variété grise, à feldspath gris triclinique, un peu strié ou lanalitique, formant d'assez grandes enclaves à la base de la *montagne de Pormenaz sur Servoz.*

PEGMATITE 5me sous-variété pinitoïde, talqueuse à grands prismes hexagonaux de mica et de nombreux cristaux de pinite formant un filon, même des rognons dans le gneiss des *Jeurs au-dessus de Tête-Noire.*

PEGMATITE 6me sous-variété tonalitique, Von Rath, nom donné par Von Rath, a une roche caractéristique du *Mont-Tonalc* dans la vallée d'*Adamello*, dans

le Tyrol méridional, dans laquelle le feldspath oligoclase est strié, ainsi la roche typique des tonalites a
toujours son feldspath oligoclase strié et son quartz
achroïtique sans couleur et un mica grisâtre assez
abondant. Ces roches ont de nombreux représentants
aux environs du Mont-Blanc, selon les analyses de
M. le professeur W. Fischer.

PEGMATITE 7me **sous-variété grise composée d'o-
ligoclase gris,** de quartz achroïtique sans couleur,
d'un mica grisâtre; le type de cette roche ayant
beaucoup de rapport avec la précédente par la grosseur des éléments qui constituent cette sous-variété,
sont moins développées et en contact d'un filon d'asbeste et de quartz à *Tacconnaz, et à la Griaz, base
de l'aiguille du Gouté.*

PEGMATITE 8me **sous-variété gneissique granulaire
à très grands** et très beaux cristaux de feldspath oligoclase ayant de 3 à 4 cent. noirâtres ou grisâtres à
clivage nettement strié avec des agglomérations de
petits lits de mica brun noirâtre qui semble constituer un filon d'une certaine puissance et une certaine
étendue à la base du *Mont-Blanc.*

Famille des **micacites** (*Roches micacées*).

**MICACITE Cordier, Micaschiste Brongt, Schiste mi-
cacé, Micaschiste des Angl., Glimmerschiefer.** Cette
roche micaschisteuse passe par nuances insensibles
au gneiss, la limite est souvent difficile à fixer entre
ces deux roches composées essentiellement de mica
blanc ou noir.

MICACITE, 1re **sous-variété surmicacée** contenant

jusqu'aux deux tiers ou trois quarts de mica noir avec peu de quartz, souvent ondulé, ridé ou plissé, subordonné au gneiss à *Pierre à l'Echelle et au pied de la Filliaz.*

MICACITE 2ᵐᵉ **sous-variété blanc grisâtre, graphiteux,** variété dans laquelle il entre un peu de graphite qui donne à la roche un aspect graphiteux, alternant au gneiss en très petits lits ou feuillets ondulés comme plissé, comme à *Pierre à l'Echelle.*

MICACITE 3ᵐᵉ **sous-variété argentine,** roche extrêmement remarquable par son mica blanc argentin très brillant avec peu de quartz blanc, dans les débris des *éboulements du Brevent.*

Conglomerat

SPILITHE Brong., **Wacke, Werner, Wackite, Labradophyre** Coq, variolite du Drac, **Lave amygdaloïde, Aphanite.** Selon M. A. Favre, d'après un échantillon qui lui a été soumis, l'a identifié à cette roche que je considère plutôt comme une roche modifiée ou métamorphique à base de calcaire et à la pénétration bitumineuse des couches calcaires qui sont en contact. A la jonction des terrains cristallin et triasique sous le Buet, au-dessus de Pierre à Bérard, en couches verticales et contournées, alternant avec le granite rose ou protogyne, qu'il est facile de suivre entre la crase de Bérard et le col de ce nom et même en montant de ce col sur le revers nord des Aiguilles-Rouges, en suivant l'arête depuis le dit col de Bérard jusqu'au pied des cimes des Aiguilles-Rouges et de celles qui dominent le vallon de la Balme, on arrive avant d'atteindre la base des cimes inaccessibles dominant le Glacier de Bérard, après avoir gravi et grimpé par cette arête depuis la Pierre à Bérard sur d'innombrables variétés de roches de la plus belle cristallisation, on se trouve sur un plateau d'une assez grande étendue, légèrement incliné et recouvert d'une couche horizontale de calcaire à feuillets unis, ondulés, ridés exactement comme la surface des eaux d'un lac qui reçoit une légère brise ont formé ces petites ondulations; en cherchant bien peut-être y trouverait-on des débris de fossiles, malheureusement, je n'ai pu y stationner que peu d'instants sur ce plateau escarpé d'une altitude de 2,500 à 2,600 mètres, lorsque je me trouvai en présence de cette couche de calcaire liasique d'un mètre d'épaisseur à peine sur certains points et un peu plus sur d'autres, au milieu d'une solitude difficile à atteindre et où personne, assurément, n'avait pénétré avant moi; j'éprouvai une singulière impression de rencontrer sur ce plateau une couche semblable, le soulèvement de cette chaîne serait donc antérieur au dépôt si même cette chaîne a été soulevée, c'est ce que je ne crois pas, mais aurait subi un métamorphisme complet.

Conglomérats à ciment chloriteux ou Galet chloriteux.

STÉASCHISTE chloriteux ou schiste chloriteux, sur le revers nord des *Aiguilles-Rouges*.

SCHISTE serpentineux ou micaschiste serpentineux en filon, subordonné au gneiss à *Pierre à l'Echelle*.

SCHISTE talqueux subordonné au gneiss sous *l'Aiguille du Midi*.

SCHISTE **cristallin du terrain azoïque**, toute la base de la chaîne du Mont-Blanc reposant sur le *Trias*.

MICACITE **chloriteux verdâtre, mica dominant dans** une pâte de chlorite à la *source de l'Arveyron*.

ROCHES **des terrains sédimentaires, quartzite Lydien, pyritifère, Phtanite noir** du *Pas à Servoz et à l'Aiguille Noire sur Pormenaz*.

BRÈCHE **calcaire conglomérat, Dolomitique, siliceuse, à ciment chloriteux** *des Gorges de la Diozaz, du Buet et de Pierre à Bérard*.

BRÈCHE **protogynique, brèche à ciment ferrugineux**, tient des fragments de protogyne aux *Eaux Rousses sous Coupeau*.

TIGRITE **ou Eurite chloritifère tigrée d'un beau vert** à pâte grenue aremacée tigrée du terrain du **Gault ou des Grès verts** *des montagnes de Sâles sur les Fys*.

CALCITE **ou chaux carbonatée, fibreuse, blanche en filon** de deux à trois cent. d'épaisseur sur serpentine, également en filon dans le gneiss avec asbeste fibreuse, amianthe verte, sur les *Aiguilles-Rouges contre le vallon de Balme*.

POUDINGUE **grauwackes micacés contenant des fragments** plus ou moins volumineux et anguleux de quartz blanc, de granite Leptinite, de Gneiss et d'autres roches préexistantes et parmi les débris desquelles nous avons rencontré, M. de Belly et moi, un fossile végétal, un calamite spécifiquement indéterminable, mais suffisamment caractérisé pour ne laisser aucune incertitude sur la nature de ce fossile trouvé dans le massif et débris de rochers du plus beau gneiss cristallin et d'origine sédimentaire comme je crois d'ailleurs que tout le massif des Aiguilles Rouges inférieur appartient d'un bout à l'autre à l'anthraxifère.

Voyez le *Bulletin* de la Société Géologique, 3me série, tome 1er, 1873, n° 5, feuilles 22-28, 5-19 mai, 9-16 juin 1873. C. Concernant ce fossile qui a été cédé ou remis à la Société.

GÉOLOGIE

DES

ENVIRONS DU MONT-BLANC

GÉOLOGIE DES ENVIRONS DU MONT-BLANC

OU

STATISTIQUE

des terrains sédimentaires et des roches qui constituent les massifs de montagnes entre les bassins du Giffre au nord-ouest, de la Dranse au nord-est, de la Doire au sud-est, du Bonnant au sud-ouest.

INTRODUCTION

En présentant aujourd'hui, au public, le résultat de mes observations, j'éprouve une véritable crainte de présomption.

Que dire, semble-t-il, en effet de nouveau, lorsque, après l'immortel de Saussure, la nombreuse phalange des Bakewell, Brochant, Dolomieux, Necker, Deluc, Charpentier, Studer, Elie de Beaumont, Fournel, Sismonda, Lory, Delesse, Guyot, Mortillet, Ruskin, Vogt

et d'autres célébrités, a tour à tour exploré et décrit
les localités mêmes qui m'occupent; lorsque, enfin,
tout récemment l'éminent savant de Genève, M. Alphonse Favre, a fait paraître un remarquable travail
sur le même sujet, fruit de ses nombreuses et persévérantes recherches.

M. Favre a enrichi la science d'un grand nombre
de faits nouveaux, il a éclairci bien des points obscurs;
je serais appelé à le citer souvent, et à lui emprunter
de nombreux renseignements; néanmoins, notre contrée est si riche, le champ des observations et des découvertes si inépuisable, que le plus modeste explorateur peu compter encore sur de précieuses et
nombreuses glanures.

Qu'il me soit donc pardonné si je cède au désir de
faire connaître quelques faits nouveaux, recueillis dans
mes nombreuses pérégrinations, et de chercher encore à mieux caractériser et mieux délimiter les
différents terrains qui entourent le gigantesque
massif du Mont-Blanc, si, enfin je me permets quelques
objections sur les vues des auteurs précédents.

Je m'estimerai heureux et largement récompensé
de mon travail, s'il peut faire jaillir de l'esprit des
lecteurs quelques étincelles de lumière scientifique
sur la géologie de nos belles montagnes.

La première partie de cet ouvrage comprend la

description des roches. J'ai préféré adopter, dans cette énumération, l'ordre stratigraphique, plutôt qu'un ordre quelconque de classification minéralogique. Ce choix aura l'inconvénient, sans doute, d'exposer à quelques répétitions, certaines roches se représentant plusieurs fois dans la succession des terrains; mais il semble évidemment plus rationnel et plus instructif, et il permet certaines comparaisons qui sont elles-mêmes dignes d'intérêt.

L'ordre de description sera donc en même temps l'ordre chronologique. Je suivrai les terrains tels qu'ils se présentent normalement des plus superficiels aux plus profonds, et, en thèse générale, des plus modernes aux plus anciens.

La collection élémentaire des roches s'élève à environ deux cents espèces ou variétés types; elles sont toutes comprises dans l'un ou l'autre des terrains géologiques du tableau suivant, qui sera, pour ainsi dire, la table des matières de la seconde partie de mon travail.

TABLEAU DES TERRAINS

Néozoïque		
Quaternaire	Alluvions actuelles Dépôts glaciaires
Tertiaire	Macigno alp. et grès de Taviglianaz Etage nummulitique

Mesozoïque	Secondaire	Crétacé	Craie Gault ou grès vert Aptien Urgonien Néocomien
		Jurassique	Corallien Oxfordien Callovien Liasique Infraliasique
		Triasique	Dolomie et Cargneule Gypse Schiste ferrugineux vert et rouge Grès et arkose ou quartzite
Paléozoïque	Primaire	Carbonifère	Schiste à empreintes. Grès et poudingué de Valorsine
		Pseudoigné ou Plutoneptunien	Schistes cristallins et serpentine
		Hypogée	Granit Protogyne

Époque quaternaire (crénogènes).

CHAPITRE I

§ 1. — Terrains de Transport.

Entre l'enveloppe superficielle de terre végétale et la roche sousjacente, il existe généralement un dépôt de gravier, de sable ou de limon, auquel on a donné le nom d'*alluvions ;* nous y trouvons un certain nombre de roches de formation actuelle, telles que :

Brèche calcaire cimentée par une pâte calcaire ;

elle se montre en amas plus étendus sur plusieurs points de la vallée de Chamounix, le hameau du Tour, le pied des Posettes et du Col de Balme.

J'ai recueilli aussi, à l'autre extrémité de la vallée, une autre qualité, que je nommerai :

Brèche protogonique. Sa pâte est composée de fer hydroxydé limoneux et de terre végétale et alluviale. Ces fragments cimentés, arrondis ou anguleux, sont du gneiss, mais surtout de la protogyne. Plusieurs blocs isolés s'observent à la base du Coupeau, sur les sables de l'Arve.

Calcaire Tuf. Kalkstein, limestone, chaux carbonatée. Cette roche, formée par voie de concrétion, a une texture très variée, grenue, celluleuse et globuleuse; elle est compacte ou terreuse, ou même arénacée, et se rencontre sur plusieurs points de la vallée de Servoz et de Chamounix, à Argentière, derrière le village, et au pied de la moraine droite du glacier du même nom; elle y affecte une apparence schisteuse, et provient des sources voisines, très chargées de carbonate de chaux à leur sortie.

§ 2. — Terrain glacière.

Ayant eu l'occasion de traiter la question des glaciers dans deux publications antérieures (*), je ne m'occuperai succinctement que de leurs blocs erratiques.

(*) 1° Oscillations des glaciers, leur ancienne extension, leurs mouvements dans les temps historiques, etc. — 2° Guide itinéraire au Mont-Blanc.

Dans toutes les vallées comprises dans les limites de la contrée qui m'occupe, on remarque de nombreux débris d'origine évidemment glaciaire.

Dans toute la vallée de l'Arve, et notamment dans celle de Chamounix, on les observe sur le flanc des montagnes et l'on en peut suivre le développement pas à pas, pour ainsi dire, et de la manière la plus évidente.

Aucune contradiction n'est possible, surtout si l'on veut se donner la peine de parcourir les surfaces que nos glaciers actuels ont mises à découvert par leur retrait considérable; le glacier du Tour, dans la vallée de Chamounix, a laissé à nu une superficie d'au moins mille mètres, la roche y est moutonnée, striée, polie. Elle présente, en un mot, l'analogie, disons mieux, l'identité la plus complète d'aspect avec certaines surfaces moutonnées, striées et polies qu'on observe aujourd'hui à de grandes distances, et dont l'origine, conséquemment, ne peut plus être mise en doute.

Les immenses blocs déposés sur la hauteur du village de la Tour, ceux des Montées, posés si délicatement sur une pente fortement inclinée de rochers moutonnées et striées, qu'on les dirait placés par la main de l'homme, et prêts à glisser sous le plus petit effort, témoignent aussi de l'ancien développement et du retrait des glaciers.

Ce serait ici la place d'émettre quelques hypothèses sur les causes pour lesquelles nos glaciers ont eu des périodes de progrès et d'autres de retrait; sans ajouter aucune importance aux préjugés des habitants de nos vallées, qui croient que les glaciers avancent pendant sept ans pour reculer pendant sept autres, il n'est pas moins certain que, si d'une part pendant les vingt dernières années les étés ont été aussi chauds et les hivers aussi froids que dans celles qui les ont précédés, ces saisons, d'autre part, ont été infiniment moins humides. Sans recourir à des vérifications pluviométriques et thermométriques, je ne crois pas me tromper en disant que cette dernière période a été plus sèche, ou, en d'autres termes, qu'il est tombé une bien moindre quantité d'eau que pendant les vingt ou trente années antérieures.

J'admets, comme M. le professeur Favre, que les montagnes ont été jadis plus élevées qu'elles ne le sont actuellement, et que, selon les lois invariables de la nature, les éboulements, le débordement des torrents, le travail incessant des agents atmosphériques, ont concouru et concourent encore à combler les vallées aux dépens des hauteurs qui les dominent; mais outre ce travail continu, je ne puis m'empêcher de croire, par analogie avec ce qui s'est passé de mémoire d'homme, qu'il y a eu, pendant de longues séries de siècles, des périodes de développement glaciaire et des périodes de retrait, correspondant à des périodes de sécheresse et d'humidité.

L'éléphas primigenius ou mammouth, ou éléphant velu, dont on a découvert les restes dans les dépôts morainiques, vivait avant et pendant l'époque glaciaire; il était contemporain de l'homme d'une partie de l'âge de la pierre taillée; n'est-il pas bien plus plausible d'admettre que sa disparition doit être attribuée à des changements climatériques, qu'à la seule destruction par l'homme ou à l'influence de la faible dénivellation qui a pu se produire pendant la période antropologique qui, si longue qu'on la suppose n'est qu'une courte partie de l'histoire géologique de notre globe.

La collection représentative de l'époque glaciaire se compose de:

Roches polies, striées et burinées par le passage et le frottement des anciens glaciers, ou des glaciers actuels.

Graviers et cailloux usés, triturés ou striés.

Vase et sable formant la base d'une moraine terminale ou latérale médiane.

Terre glaise, faisant pâte avec l'eau, souvent parsemée de petites lamelles micacées, et empâtant parfois des cailloux striés.

Époque tertiaire.

CHAPITRE II

Ce terrain affleure à peine dans la contrée dont je me suis tracé les limites; il recouvre cependant une partie des aiguilles de Varens, du Traversant blanc, de Pelouse et de Salle. Il est représenté par les roches variées de couleurs comme de texture suivantes:

§ 3. — Grès de Taviglianaz ou Flysch macigno alpin.

Pierre de sable, Sandstein des Allemands, sandstone des Anglais, grès moucheté.

Il renferme quelquefois du feldspath blanc, de petits fragments cristallisés noirâtres, semblables à l'amphibole. Une autre variété contient du mica blanc ou noirâtre, peu abondant, et du quartz en petits fragments plus souvent arrondis.

Ces deux variétés constituent la partie supérieure du terrain, elles couvrent le calcaire nummulitique.

§ 4. — Calcaire à nummulites.

Comprenant trois ou quatre assises, d'apparence lithologique variées, mais toujours caractérisées par des fossiles, et se présentant dans l'ordre suivant :

Calcaire gris-noir, avec : Nummulites Ramondi, nummulites striata, orbitoïtes sella ; il se termine par un grès également nummulitique.

Euritine chloritifère (Cordier). Roche facile à fondre, et qui fait partie des eurites et des petrosilex, est appelée aussi tigrite. Cette roche est ordinairement compacte, ressemblant au petrosilex et prend parfois une apparence plus ou moins arénacée, la pâte plus ou moins fine ou grossière. — Associée au talc chloriteux, qui lui donne une teinte verdâtre, elle prend souvent un aspect tigré, par suite de l'inégal mélange des parties verdâtres avec les parties feldspathiques. Sommet des Fiz, Aiguille de Varens.

Calcaire compacte. Grisâtre à l'air, noirâtre ou brunâtre à la cassure, aspect et odeur légèrement bitumineux, souvent dénué d'autres fossiles, mais pétri de nummulites, notamment aux Essets. L'assise sous-jacente est le :

Grès quartzeux dur déjà mentionné, assez grossier, dont la dernière assise est la couche à Cerithes, la plus riche en fossiles.

Ce terrain a déjà été délimité par plusieurs auteurs, je me dispenserai donc d'entrer dans de plus longs détails à son sujet ; j'ai également donné, dans une publication antérieure, intitulée :

Erpétologie, Malacologie et Paléontologie des environs

du Mont-Blanc, une liste assez complète des nombreux fossiles de cette formation (1).

Époque secondaire.

CHAPITRE III

Formation crétacée.

Je ne ferai que citer brièvement les étages de cette formation, qui ne se rencontrent pas dans les montagnes qui font l'objet de ce travail, et qui ont, d'ailleurs, été fort bien étudiées et décrites, notamment par M. le professeur Favre et par M. de Mortillet.

§ 5. — Craie.

Elle s'étend au-dessus du Gault, des rives du lac d'Annecy à la Dent du Midi; son aspect, très semblable à certaines couches nummulitiques et urgoniennes, sa pauvreté en fossiles, rendent sa distinction difficile; c'est un calcaire gris-noirâtre, avec abondance de cailloux silicieux, et quelques rares échantillons d'inocerames, d'ananchites ovata, etc., qui le classent dans le senonien d'Orbigny.

§ 6. — Gault ou albien.

Ce terrain, observé depuis longtemps à cause de sa richesse en fossiles, est devenu célèbre depuis l'ou-

---

(1) Extrait des « Annales de la Société impériale d'Agriculture et d'Histoire naturelle de Lyon. » — Grand in-8°, 68 pages, 1864.

vrage de Brongniart, qui sut le premier, utiliser la détermination des espèces pour identifier des formations, que leur éloignement géographique et leur aspect minéralogique semblaient séparer complètement.

Les montagnes des Fiz, du Crioud, du Saxonnet, ainsi que la Perte du Rhône, sont devenues des localités classiques, et leurs fossiles, nombreux et bien conservés, remarquablement décrits et figurés par le regretté professeur Pictet de la Rive, de Genève, sont connus de tous les collectionneurs. — Le Gault alpin est en général un calcaire noir-verdâtre, chargé de petits grains de silicate de fer; il se désagrège sous l'influence des agents atmosphériques et laisse à nu les fossiles dont il est pétri.

§ 7. — Aptien.

Ce terrain ne se rencontre qu'en lambeaux épars au-dessus et dans les anfractuosités de l'urgonien. Il a été constaté, au col de Coux, au col de Golcze, au Planet, au Vergy et ailleurs, avec ses fossiles caractéristiques: Ptéroceras Pélagi, Ostréa Aquila, Heteraster oblongus, Orbitolites lenticulata, etc. C'est tantôt une marne jaune ou noire, tantôt un calcaire gris-jaunâtre.

§ 8. — Terrain urgonien.

Calcaire gris, très pur, donnant de la chaux grasse ; solide et résistant aux divers agents atmosphériques, il forme des rochers abruptes considérables, sillonnés d'une multitude de crevasses ayant jusqu'à 15 mètres de profondeur, et dirigées généralement dans le sens de la pente du terrain ; les arêtes qui les séparent sont souvent fort étroites et leurs flancs sont souvent rayés de cannelures verticales, comme si elles avaient été creusée à la gouge, et qui doivent leur formation à l'influence des érosions.

Ce calcaire se montre au niveau de la plaine entre Cluse et Maglan ; il se prolonge ensuite en s'élevant et se redressant pour constituer les sommités de la Croix de Fer, l'Aiguille de Varens, et encaisser ensuite les chalets de Sales, construits sur l'une de ses assises. Il repose sur le :

Calcaire rose ou **marbre rouge** ; cette assise, qu'on voit à la base de la chaîne des Fiz, aux Ayers sur Servoz, constitue selon toute apparence la partie inférieure de l'urgonien.

Je possède le seul fossile qui le caractérise.

§ 9. — Terrain néocomien (nérinéo-gigantea).

Comme les précédents, ce terrain n'est, pour ainsi dire, pas représenté dans la circonscription qui nous occupe ; il se montre seulement à la descente des chalets de Sales, vers Sixt, au-dessus des cascades de la Pleureuse et du Rouget, comme aussi du côté sud au-dessus des couches Jurassiques des Ayers sur Servoz. Il est représenté par un :

Calcaire marneux gris, plus ou moins foncé ; jusqu'ici, du reste, sa position seule, dans l'ordre de succession des couches, a servi de base à sa détermination géologique ; l'absence d'êtres organisés fossiles ôte à sa classification une certitude absolue.

CHAPITRE IV

§ 10. — Terrain corallien.

Je ne puis indiquer ce terrain que sur des rensei-gnements assez vagues de feu M. Carrier, topographe à Chamounix, qui m'a dit avoir trouvé, sous les chalets d'Antherne, des polypiers assez bien conservés. Je ne signale donc ce terrain que sous toutes réserves, remettant à des recherches subséquentes le soin d'en contrôler l'existence.

§ 11. — Terrain oxfordien.

Je ne fais que nommer ce terrain, sans pouvoir assurer son existence réelle, on croit le reconnaître dans les rochers qui dominent Servoz et à Sixt. M. le professeur Favre l'indique sur une des sommités des Tours Saillères, d'après un fossile trouvé par M. Gurlie ; mais dans la contrée qui m'occupe, l'absence, jusqu'ici complète, des fossiles caractéristiques de ce terrain, dans les couches qu'on lui assimile à la base des Fyz, me fera pardonner ma réserve.

§ 12. — Oxfordien inférieur ou kallovien.

L'existence de cet étage ne peut laisser aucun doute ; il est très développé depuis la base des Fyz jusqu'au Buet, entre la Diozaz, le Giffre et la Barberine.

La roche qui compose ce terrain est un schiste calcaire à belemnites, traversé par de nombreuses veines calcaires; il occupe toute la crête de la chaîne d'Antherne, du sommet du Buet, du Cheval Blanc, et du col de Tanneverge, d'où j'ai rapporté, dès 1854, les fossiles caractéristiques de ce terrain. Ce schiste varie beaucoup d'aspect et de texture; il est tantôt fendillé, tantôt rubanné ou plissé. Dans le vallon d'Entre-les-Eaux, la partie supérieure est un schiste calcaire à belemnites étirées, et l'inférieure un schiste argilo-calcaire un peu talqueux, surtout dans le bas, qui est aussi la couche la plus fossilifère.

Les espèces les plus communes sont:

Belemnites	Hastatus	Blain.
Ammonites	Athleta	Ph.
»	Lunula	Ziet.
»	Bakeriæ	Sow.
»	Zignodianus	d'Orb.
»	Tortisulcatus	d'Orb.

§ 13. — Liasique moyen.

Ce terrain se montre dans beaucoup de localités, il occupe une grande partie de la vallée de Chamounix, et se montre à tous les cols qui la ferment, col de Balme, et col de Vozaz.

Il est caractérisé par un grand nombre de belemnites, la plupart indéterminables, à la montée au Pavillon de Bellevue, sur la base du mont Lachat. Au mont Joly, qui n'est que la continuation de ce même étage, les fossiles sont mieux conservés. Cette grande assise se prolonge au N.-O. sous la chaîne des Fyz, et forme le côteau de Passy. J'ai recueilli une *ammonites variabilis* dans les schistes ardoisiers de la carrière de Passy; une autre à Servoz. Une empreinte recueillie, au pied du mont Lachat peut provenir de ce terrain.

mais semble appartenir plus probablement à l'oolithe inférieure. Le Lias se montre également dans toutes les sommités qui, partant du Buet et se dirigeant à l'Est, apparaissent à droite de l'observateur, tels que les vallons d'Entre-les-Eaux, le col de Genêvrier, dont le sommet correspondrait avec le Buet, et le grand massif du col de Balme.

Cette dernière sommité forme la limite orientale du terrain Jurassique; le Lias s'y montre sous la forme de schistes argileux, traversés de veines veinules ou filons de quartz mélangé de chaux carbonatée, d'origine acqueuse selon toute apparence, et toujours caractérisés par des belemnites (chalets de Balme) ou par des pentacrinites dans le calcaire noir, qui se prolonge en descendant au hameau du Tour.

Il se rencontre également sur plusieurs points de la base de la chaîne du Mont-Blanc, à droite et à gauche du glacier d'Argentière et du torrent de la Pendant, au Chapeau, à la côte du Piget, à la Coudraz, en face de Chamounix. Il disparaît et reparaît plusieurs fois avant de former les monts Lachat et Vorassex (ou chalet des deux frères Nicolaï, au col du Tricot, la Rosselette, les cols du Bonhomme, des Fours, du Jovet, de la Seigne et sur le revers méridional du Mont-Blanc, la montagne de la Saxe, toute la vallée gauche de Ferret, Essert, etc., en sorte que le Mont-Blanc se trouve enclavé dans le terrain jurassique qui plonge des deux côtés sous le massif, au lieu de s'appuyer simplement sur lui, comme on l'avait supposé d'abord, conformément à l'ancienne théorie des soulèvements.

Il a été émis un grand nombre d'hypothèses pour expliquer cette disposition des couches, mais aucune ne me semble assez plausible pour pouvoir être définitivement adoptée.

M. le professeur Favre a donné une coupe très-ingénieuse des terrains situés entre le Buet et le Mont-Blanc, en traversant les aiguilles Rouges, ces dernières forment, suivant lui, un des témoins d'une immense voûte qui se serait écroulée avant même sa complète formation.

M. le professeur Lory a présenté, d'un autre côté, une explication basée sur une théorie de plissements, de renversements et sur un système de failles, qui a obtenu l'approbation d'un grand nombre de géologues.

J'aurai l'occasion de revenir sur ce sujet, en examinant la série des roches qui composent l'étage du Lias. J'ai déjà indiqué que le plus grand développement de ce terrain, sur le versant septentrional de la chaîne du Mont-Blanc, s'observe depuis le hameau du Tour à la Croix de fer; c'est un calcaire noir contenant des pentacrinites; un peu plus bas, entre le col de Balme et le hameau du Tour, près des chalets des Charamillons, le Lias est représenté par un *schiste argilo-talqueux*, gris-luisant, traversé par de nombreux filons, ou rognons allongés de quartz fibreux, d'origine aqueuse. Au-dessous se montre un:

Calcaire noir extérieurement, mais gris-blanchâtre à sa surface, et contenant des belemnites ou des pantacrinites, puis un:

Calcaire noir impur, à cassure brillante, comme satinée, renfermant quelques rares apiocrinites et belemnites, à la côte du Piget où, dans les années 1818 à 1820, le glacier des bois venait butter contre le rocher formé par ce calcaire, qui le forçait à changer de route et à suivre la direction de la vallée; l'énorme pression qui résultait de cette sorte de barrage, déterminait un accroissement considérable de l'épaisseur du glacier, qui parvint à dépasser à cette époque de 25 à 30 mètres le sommet du rocher, élevé lui-même d'une trentaine de mètres; aujourd'hui le glacier s'est considérablement retiré.

Ce calcaire noir est la continuation de celui mentionné au col de Balme, au Four, à la Pendant; il n'a pas non plus subi d'altération sensible, et conserve ses fossiles caractéristiques. L'inclinaison des couches varie entre l'horizontale et la verticale; elles suivent la direction de la vallée ou de la chaîne principale sous laquelle elles plongent, comme je l'ai déjà dit, soit sur le versant nord, soit sur celui du sud. Une autre assise, fort remarquable par sa position, a été découverte par M. Favre sur le sommet des aiguilles Rouges; la plus haute de ces aiguilles, dont la masse appartient au système cristallin, comme les voisines, est surmontée d'un calcaire à apiocrinites, analogue à celui signalé à la côte du Piget.

Les très nombreux blocs que l'on trouve sur le revers Nord des aiguilles Rouges, dans le vallon de la Balme, proviennent en grande partie des éboulements de cette couche.

M. Favre l'a identifiée, ainsi que la précédente, au calcaire des Raforts; ce dernier est cependant dépourvu de fossiles, et semble se rapprocher davantage des couches attribuées à l'oxfordien.

Calcaire noir veiné de spath blanc; il produit une excellente chaux grasse, tandis que les précédents, plus chargés de magnésie, sont peu propres à cette fabrication.

Il forme une petite masse au pied des aiguilles Rouges, en face de la côte du Piget, et semble appliqué contre la base des rochers cristallins de la chaîne, formés d'un gneiss à mica noirâtre.

Ce n'est qu'avec doute que je réunis ce calcaire

aux autres calcaires liasiques; il diffère sensiblement par sa composition, moins magnésienne, par la présence des cristaux de spath calcaire noir bitumineux, et par l'absence complète de fossiles, constatée dans les nombreuses exploitations dont il est l'objet pour la fabrication de la chaux; sa grande ressemblance avec le calcaire également exploité à Servoz porterait à croire qu'il en est la continuation; mais il faudrait supposer alors une grande dénudation, pour expliquer sa disparition dans l'intervalle qui sépare les deux localités.

Schiste carburé. Je dois mentionner ici une couche qui n'avait point encore été signalée, d'ampélite graphiteux très tendre, marquant distinctement le papier; elle est d'un mètre d'épaisseur environ, et se détache en feuillets assez minces; elle se dresse presque verticalement à la base du flanc S.-O. du mont Lachat.

S'il était possible de différencier nettement tous les terrains qui composent la chaîne qui ferme la vallée de Chamounix au S.-O., depuis le mont Lachat jusqu'au bord de l'Arve, on pourrait y découvrir une singulière intersection, que M. Favre a fort exactement indiquée dans ses coupes.

Le terrain houiller s'y montre au sommet du Prarion, au-dessous se trouvent les roches du Trias, recouvrant elles-mêmes les schistes cristallins aux Vernets et en descendant du Prarion sur les Ouches jusqu'aux Chavant, où le grès arkose du Buet s'appuie sur le terrain houiller ou schiste graphiteux. Le schiste carburé est recouvert par le:

Calcschiste veiné (Thonschiefer de Léonhard). C'est un schiste calcaire noirâtre, dont les feuillets sont traversés par de nombreuses veines parallèles de calcaire blanc lamellaire; il représente de ce côté de la vallée le calcaire à belemmites et se montre puissamment développé dans la vallée de Montjoie jusqu'au Bonhomme, au mont Tricot ou de Vorassex, où il n'est que le prolongement des couches du mont Lachat. Le gigantesque mont Joly est entièrement composé de ce terrain.

Il est surmonté d'une grande assise, que le célèbre de Saussure avait désignée sous le nom de *Roches singulières du Bonhomme*, c'est un :

Grès que sa structure et son aspect distinguent complètement de toutes les autres roches alpines. Il est d'une teinte claire-jaunâtre, purement quartzeux, composé de grains parfaitement arrondis. Il forme une assise de plus de 100 mètres d'épaisseur, dont les couches supérieures renferment des empreintes de pecten.

Les couches inférieures alternent avec une série de bancs d'un :

Calcaire magnésien, lourd, gris de fer, dont une couche est une lumachelle pétrie de petites bivalves indéterminables, mais qui semblent se rapprocher de l'Avicula contorta et de la Cardita austriaca ? M. Lory, malgré l'incertitude de la détermination de ces fossiles, considère ces couches comme un dépôt local et insolite *infraliasique.*

Formation triasique.

CHAPITRE V

§ 14. — Triasique alpin de M. Fournet, trias ou keuperien de M. Favre.

La présence du terrain triasique dans les Alpes a été d'abord signalée par M. Fournet ; mais il n'a été reconnu d'une manière positive qu'à la suite des recherches et des publications de M. A. Favre, qui eut le mérite de pouvoir classer définitivement, dans cette formation, les cargneules, les dolomies et les gypses de nos montagnes. Une fois bien reconnue, cette formation a pu être constatée dans beaucoup d'affleurements.

Les coupes les plus complètes sont peut-être celles du col de Salenton, à Villy, sous le Buet, ou aux Posettes, sous le col de Balme, ou de la chaîne du Mont-Blanc aux aiguilles Rouges, en traversant la vallée de Chamounix au village du Tour. Cette coupe, relevée par M. le professeur Favre, donne la série suivante :

Terrain cristallin, protogyne du Mont-Blanc, schiste cristallisé.

Jurassique, représenté par un calcaire noirâtre, contre le glacier du Tour.

Triasique. — Cargneule et gypse superposé au précédent.

— Schiste argilo-ferrugineux, rouge et vert.

— Grès arkose des Posettes.

Houiller. — Schistes argileux à empreintes de Valorsine.

Au Buet, les roches se succèdent dans l'ordre suivant :

Terrain Jurassique puissamment développé.

Trias. — Calcaire rosâtre.

— Cargneule avec baryte sulfatée.

— Schiste argilo-ferrugineux rouge-vert.

— Grès non effervescent, couche de 50 centimètres.

— Grès quartzeux à grains roses, effervescents.

Terrain cristallin. — Schiste rouge lie de vin. — Quartzite rougeâtre.

Protogyne talqueuse rougeâtre.

Cargneule compacte, jaunâtre terreuse de Villy, ou brèche dolomitique, tuf calcaire magnésien, dolomie, brechiforme.

Cette roche est très répandue dans les trias des environs du Mont-Blanc; elle affleure sur un grand nombre de points et se montre sous divers aspects.

Cargneule associé au gypse: Elle repose sur le calcaire jurassique noir; elle est à grains moyens, rude, légèrement caverneuse, jaunâtre-pâle; on la trouve à Argentière, en face la Rozière, aux Iles et aux Chosalets; elle y est associée à une:

Dolomie grise, ou chaux carbonatée magnésifère; c'est le spath perlé, le calcaire magnésien, la dolomite de Saussure, elle renferme de la baryte sulfatée (au Buet). En suivant la couche de dolomie sur le flanc de l'Aiguille-à-Bochard, sur le glacier des Bois, sous le Chapeau, on trouve la succession des roches suivantes, dont la coupe a été relevée par M. Favre:

1° Grandes masses de schistes cristallins, puis, en descendant, on arrive sur un calcaire noir.

2° Schistes cristallins talqueux, noirâtre et décomposés.

3° Schistes cristallins talqueux, rougeâtres à mica noir.

4° Argile blanche.

5° Argile verte, à pâte grasse, maniable, élastique.

La **cargneule** se trouve en face de Chamounix, au lieu dit de *Biolet*; elle y affecte un facies spécial, qui lui a fait attribuer, par le professeur Mitcherlich, une origine métamorphique; elle semble avoir subi un étirement, et ses feuillets, contenant de nombreuses paillettes de mica, semblent comme polis par une forte pression.

Cargneule caverneuse, celluleuse, cloisonnée. Cette variété, de couleur jaunâtre, renferme de nombreux fragments calcaires, et devient, comme à la Griaz, une véritable brèche dolomitique.

Brèche dolomitique siliceuse. Elle aurait été prise d'abord pour une spilite simple bitumineuse; elle se montre en couches verticales et contournées, alternant avec des eurites roses, sous le Buet.

Cargneule passant à la dolomie terreuse. Elle est caverneuse, jaunâtre, avec veines ferrugineuses. Du reste, les proportions de magnésie ne sont pas constantes, et le passage de l'une à l'autre des variétés est très fréquent dans les divers affleurements qu'on peut observer, soit dans la vallée, soit dans celle du Montjoie, où elle est aussi très abondante.

L'affleurement le plus considérable est sans contredit celui qu'on rencontre à la *Montée du Bonhomme,* dite Montée des Taux ou Tufs, où ce dépôt atteint une puissance de 30 mètres environ; on le trouve aussi aux Mottets, à la Seigne, dans l'allée Blanche, au Ferret, à l'Essert, à la Forclaz de Martigny et dans le val de Trient, sous le col de Balme.

On trouve, au conctact de cette cargneule, une **dolomie grise,** lamellaire, grenue, à la Rosière et au Lavancher, et une variété qu'on pourrait appeler:

Dolomie gypsifère, remplie de petites cavités géodiques, en contact du gypse à Taconnaz et à la Griaz.

Calcyphire albitifère ou calcaire blanc dolomitique. Si la formation des dolomies est encore une énigme, la couche de calcaire albitifère qui se trouve enclavée entre deux assises de cargneule, n'a pas été jusqu'ici mieux expliquée; cette couche se prolonge sous le Bonhomme pour reparaître vers les Mottets, et fait partie des *roches singulières* de Saussure; mais elle a été retrouvée bien plus abondante et bien plus belle aux environs de Modanne, et en d'autres points encore, et peut être considérée comme un horizon bien déterminé dans le Trias alpin. Au-dessous des cargneules et des dolomies apparaissent les grandes assises gypseuses.

Le gypse se montre sur divers points de la vallée de Chamounix, au Tour, à Argentière, au Mont et surtout à la Griaz, où M. Ruskin a dressé une coupe, dans laquelle le terrain jurassique se trouve enclavé entre deux couches de gypse.

Le plus puissant gisement de gypse se trouve dans l'allée Blanche, en face du glacier de Miage, où son épaisseur semble atteindre 150 mètres.

Le gypse, ou sulfate de chaux hydraté, est attribué généralement à l'influence des agents atmosphériques sur l'anhydrite ou kastenite, sulfate de chaux anhydre.

A la Griaz, la roche superficielle est un gypse très blanc et très pur, mais à quelques centimètres de profondeur, le marteau atteint l'anhydrite bien caractérisée; dans l'allée Blanche, où le massif forme une saillie de rochers très-dégagés, l'épaisseur du gypse est considérable et l'anhydrite n'a pas été constatée.

Le gypse se trouve parfois allié au fer hydroxidé; il prend alors une plus grande dureté, plus d'imperméabilité et une teinte rougeâtre. Cette variété se trouve à l'allée Blanche, c'est le gypse ferrugineux rouge, employé dans les travaux d'art.

Le quartzite ou **grès arkose,** ou grès feldspathique,

inférieur au gypse, est tantôt verdâtre, tantôt rose; il est assez rare, d'ailleurs, très visible au Buet et aux Chavands (variété rose); il semble se prolonger sous le Montfort, et apparaît à l'autre extrémité du mont, sur la nouvelle route entre le Châtelard et les Plagnes; il se montre encore dans le vallon des Bains de St-Gervais et au Bonnant.

Jaspe rouge et vert. Il est associé à du quartz blanc, à de la chaux ferrifère et à une substance talqueuse verdâtre, contenant de l'opale et de la calcédoine; on le remarque dans le torrent du Gibeloux, qui descend de la Forclaz ou des pyramides des Fées, avant d'entrer dans le vallon des Bains de St-Gervais.

Une variété plus belle de ce jaspe affleure à l'extrémité N.-E. du Montfort à Vaudagne, dans la vallée du Servoz, un peu au-dessus de la nouvelle route et du hameau de la Fontaine. Le jaspe, en petits grains rouges, y est disséminé dans un quartzite verdâtre, qui doit probablement sa couleur à la décomposition d'une partie des pyrites cuivreuses qu'il contient.

Je ne puis partager l'idée que cette roche est due aux sources thermales qui l'avoisinent, car son assise semble se prolonger à travers les roches moutonnés des Montées pour reparaître presque vers leur sommet, à côté de l'ancienne route, dans une roche purement quartzeuse et faiblement colorée.

Je dois citer, en terminant l'énumération des roches du Trias, **le schiste argilo-ferrugineux rouge et vert,** c'est un schiste à surface luisante, à grains fins, parsemé de lamelles de mica; c'est une partie des phyllades pailletées de Brongniart, de l'ardoise d'Omalius, du Thonschiefer des Allemands. Il accompagne presque toujours le grès arkose de M. Favre ou verrucano de Studer, sous les assises de cargneules et de dolomies (coupe du col de Salenton, du Trient, des Posettes); il se montre au hameau du Tour, pour disparaître dans toute la vallée de Chamounix et affleurer de nouveau à son extrémité, à la base du Montfort, contre les Plagnes, puis dans le vallon des Bains de St-Gervais, et sur plusieurs points du bassin du Bonnant.

Époque primaire.

CHAPITRE VI

Formation carbonifère, houillère ou anthraxifère.

De tous les terrains des Alpes, celui-ci a été le plus discuté. MM. Fournet et Sismonda ont surtout contribué à le faire connaître, mais c'est aux recherches persévérantes de M. de Mortillet, et surtout de M. Alphonse Favre, qu'on doit aujourd'hui des notions assez exactes sur ses délimitations.

Je suis porté à croire, néanmoins, que les limites qui ont été assignées à cette formation, par le savant Genevois, s'étendront davantage, à mesure qu'on connaîtra mieux certaines roches dont l'âge est encore énigmatique.

Au lieu, par exemple, de n'attribuer à ce terrain qu'une légère bande traversant toute la chaîne des aiguilles Rouges, je suis disposé à croire que la chaîne entière appartient à la formation houillère; je lui adjoindrais au moins ces masses de roches cristallines où domine le mica qu'on observe au milieu de massifs de gneiss, mais qui présentent, en maints endroits, des indices de graphite et de matières bitumineuses noirâtres.

Un gisement remarquable offre, à Argentière, un escarpement à parois verticales, où le poudingue, parfaitement lié à la roche ambiante, et de même composition, se dessine en échiquier et se distingue seulement par une plus grande abondance de lamelles de mica, associés à une matière bitumineuse.

Le graphite au milieu des gneiss et des granits, se montre au col de Cormet ou de la Parsaz ; l'anthracite se présente également à des niveaux très-variés ; il semble occuper la partie inférieure de la chaîne au Coupeau, et se maintenir à la même élévation jusqu'en face de Montquart, pour se relever contre le Brévent, se montrer sous Plampraz, Parsaz, dans le bois de Brévent, et redescendre ensuite contre l'Ayoux et Argentière. Servoz, qui est situé à l'extrémité Sud de la chaîne, est en grande partie assis sur le terrain houiller et dominé par la puissante assise anthraxifère de Pormenaz.

Cette formation se compose, d'ailleurs, de roches très variées et très caractérisés :

Mimophyre de Jurine et Brongniart, d'aspect cristallin, dur, solide, à grains de quartz nombreux, ce qui en fait une variété particulière, appelée mimophyre quartzeuse. Il alterne avec des couches d'un grès schisteux, à grains très fins, micacé, passant au :

Psammite schistoïde (Brongniart) et à des *schistes noirs*, à empreintes de feuilles recouvertes d'un enduit ferrugineux, et reposant sur des poudingues associés aux Cez Blancs à des couches anthraciteuses. Vers le sommet de l'aiguille Noire on trouve la :

Phtanite noire (Haüy) ou Kieselschiefer des Allemands, jaspe verdâtre schisteux, compacté, à cassure conchoïdale, plus dur que l'acier, et dont on fait d'excellentes pierres de touche ou à repasser les rasoirs.

La phtanite se présente en couches verticales, qui semblent se diriger, en certains points, du Nord au Sud ; mais cette localité est tellement tourmentée, qu'il est difficile de reconnaître, d'une manière précise, l'ordre de superposition des couches.

La phtanite a environ, dans son ensemble, 6 à 7 mètres d'épaisseur ; elle se trouve à gauche de la Diozaz, au Pas de Servoz, où elle recouvre :

Le quartzite Lydien pyritifère verdâtre ; il semble subordonné au grand massif et se prolonge au S.-O. pour reparaître à Vaudagne et à la base du col de la Forclaz, où il s'appuie sur de puissantes assises d'ardoises ou schistes à Fucoïdes, qui occupent tout le fond de la vallée. Au-dessus apparaît un

Schiste ligneux ; il présente des stries parallèles et régulières, qui lui donnent un aspect fibreux, très semblable à celui du bois. Ce schiste se trouve en alternance avec des bancs de grès gris, très semblables à ceux que l'on trouve à la base et au sommet du Pormenaz, à l'aiguille Noire.

Lorsqu'on se dirige de Servoz par l'ancienne route de Chamounix, on traverse le Bouchet en longeant la base du mont Vautier, et l'on arrive à un petit torrent, sur le côté duquel se montre un affleurement d'anthracite ; il y est accompagné d'un grès schistoïde grossier, quartzeux micacé, à grains moyens, parsemé de lamelles de mica de couleur blanchâtre, mais mélangé de fragments schisteux-carburés, qui donnent à la masse une teinte noirâtre.

Ces mêmes grès se retrouvent à Coupeau ; ils y alternent avec des couches de schistes et encaissent aussi l'*anthracite*, qui y atteint un mètre de puissance. L'anthracite affleure également sous Merlet, en face du hameau de Montquart, et au bois du Brévent, au sommet du couloir des Nants. On le trouve associé à des assises de véritable *graphite*, sur les deux flancs et même vers le sommet de cette chaîne, en commençant depuis Servoz. Un premier gisement se présente à Sainte-Marie, en avant du Pont, sur la nouvelle route, puis sous le col de Cormet, ou de la Parsaz, en allant vers le lac Cornu, où ses couches verticales sont au milieu des gneiss. Un autre banc vertical de 8 pouces d'épaisseur, encaissé dans le granit, reparaît plusieurs fois entre le lac Cornu et le lac Noir, près du sommet de l'aiguille de la Glière, et semble plonger dans le centre du massif.

Le graphite se retrouve sur plusieurs points de la chaîne du Mont-Blanc : en montant au Mont-Anvert sur Caillet, à droite et à gauche du torrent Greppon et du Fouilly en face de Chamounix ; mais il est profondément métamorphosé par le contact des roches encaissantes, surtout dans la couche située à mi-hauteur entre la base du Fouilly et le Planet. Il s'aperçoit aussi dans les escarpements du Nant Profond ou des Pélerins, près des chalets de la Paraz, mais il s'y trouve tellement altéré et chargé de particules quartzeuses, qu'il est difficilement reconnaissable.

Les gisements d'anthracite sont dominés à Servoz et à Coupeau par les montagnes de Fer et de l'Aiguillette, composées de schistes argileux, alternant avec des grès à empreintes végétales.

La faune houillère y est clairement représentée par :

Neuropteris	flexuosa	Brongt.
»	Leberti	Hr.
»	heterophylla	Br.
»	macrophylla	Stb.
Cyclopteris	Lacerata	Hr.
Pecopteris	polymorpha	

Pecopteris Pluchnetii   Br.
Calamites   Suckowii   Hr.
Annularia   Brevifolia   Br.
Cardacites   Borassifolia   Stb.
Cardiocarpon.

Le grand escarpement de la montagne du Tour sépare ces deux gisements d'anthracite. Il est formé de:

Pétrosilex compacte verdâtre; feldspath compact, orthophyre pétrosiliceux de Coquand, Thonstein de Verner, Falstein de Leonhard, felstone des Anglais, pierre de corne de de Saussure, diabase de Jurine; cette roche est très commune du reste, elle se montre dans la vallée de Valorsine et se prolonge jusqu'aux gorges du Trient.

En remontant, depuis Servoz, la rive droite de l'Arve, on marche plus d'une heure sur cette roche, qui encaisse la rivière jusqu'à la base de Coupeau; elle prend de plus en plus les caractères du gneiss, en se rapprochant de Chamounix, et se présente sous l'apparence d'un schiste verdâtre, non loin du hameau de Mont Quart, où a été signalé un gisement d'anthracite, recouvert aujourd'hui par un éboulement.

Les terrains de la formation houillère ne sont pas visibles autour de Chamounix, mais on les retrouve dans un escarpement de gneiss, situé au-delà du hameau de Lageoux. C'est un poudingue composé de fragments de roches micacées, micaschisteuses et bitumineuses, à angles vifs, et d'apparence très particulière à cette localité; mais à mesure que l'on s'avance vers Argentière, les fragments deviennent moins anguleux, et le poudingue prend tous les caractères de la roche connue sous le nom de *Poudingue de Valorsine*, mais qui se trouve aussi à Argentière, aux Posettes, aux

Cez Blancs et à Trient; aux Posettes et aux Cez
Blancs ce poudingue est surmonté d'une puissante
assise d'ardoise avec empreintes de végétaux. Aux
Posettes, où les ardoises sont exploités, j'ai pu cons-
tater la présence de :

Sphænopteris	tridactylites	Br.
Neuropteris	flexuosa	Stb.
»	tenuifolia	Br.
»	gigantea	Br. Stb.
»	Loshii	Br.
»	rotundifolia	Br.
Odontopteris	alpina	Stb.
»	Brardii	Br.
»	obtusa	Br.
»	minor	Br.
Pecompteris	Beaumonti	Br.
»	cyathea	Schlot.
»	polymorpha	
»	Pluchnetii	Brong.
Selagilaria		
Leucopodites	falsifolius	Hr.
Calamites	Cistii (Asterophyllites equisœti-	
	[formis).	
Antholithes	Favrii	Hr.

La plupart de ces espèces ont été examinées et dé-
terminées par M. Heer, lors de son passage à Chamounix en 1865, et elles appartiennent toutes incon-
testablement à l'époque houillère.

Quant aux poudingues, ils sont formés d'une roche
violet-rougeâtre, grisâtre ou verdâtre, luisante, pail-
letée, très talqueuse, empâtant des cailloux de grosseur variable, les uns bien arrondis, d'autres anguleux,
de quartz blanc, de gneiss, de stéaschistes, à l'exclusion de la protogyne, qui n'y a pas été rencontrée.

Les couches varient d'épaisseur et d'inclinaison; elles ont été l'objet des observations du célèbre de Saussure, qui, le premier, en a constaté le redressement.

A mesure qu'on s'éloigne du massif du Mont-Blanc, les poudingues prennent une apparence moins métamorphique et plus normale; très variables à Argentière, ils le sont moins à Valorsine et sont beaucoup plus uniformes encore à Trient. Les poudingues sont souvent associés à un schiste argileux carburé brunâtre, presque noir, parsemé de petites paillettes talqueuses, brillantes, et contenant des empreintes de fougères recouvertes d'une pellicule talqueuse ou d'un enduit ferrugineux. Cette assise atteint près d'Argentière, aux Posettes, une puissance de près de 200 mètres. Cette couche se retrouve aussi au Pormenaz, mais elle y est moins développée, et le poudingue y manque complètement.

Aux Cez Blancs cette même couche est accompagnée d'un grès à grains quartzeux gris ou rougeâtre, demi-transparents, de grosseur moyenne, mêlés à des fragments de feldspath cristallisé rose, dans une roche talqueuse verdâtre.

Quelques auteurs ont pensé que pendant l'époque du dépôt anthraxifère, il existait déjà une élévation entre le Buet et la partie supérieure de la vallée de Chamounix, et que cette montagne, moins élevée que celle qui existe aujourd'hui, aurait fourni les matériaux du poudingue de Valorsine.

M. de Mortillet, adoptant cette idée, pense que cette chaîne serait conséquemment antérieure aux poudingues et le plus ancien de nos terrains sédimentaires.

Je crois plutôt, comme je l'ai dit déjà, à une beaucoup plus grande puissance du terrain houiller, et suis disposé à lui attribuer toute la masse des aiguilles Rouges, depuis la base jusque bien près de leur sommet, et ne saurais admettre l'hypothèse de M. de Mortillet.

Je ne puis mieux faire, pour terminer ce sujet, que de reproduire deux coupes qui servent, pour ainsi dire, de tableau et de résumé de la succession des terrains sédimentaires des environs du Mont-Blanc. La première de ces coupes, relevée par M. Necker et décrite par M. Favre, part du bord de la Dioza, qui limite la chaîne des aiguilles Rouges, sur son revers septentrional, derrière le Brévent, sous Arlevé.

1. Leptinite très feldspathique, avec taches micacées ou talqueuses, encaissant la Dioza, et surmonté de :

2. Schistes talqueux.

3. Grès houiller, semblable au Grès de Trient, avec rognons ou veines de quartz.

4. Ardoises très contournées.

5. Grès nouvelle couche, semblable au n° 3.

6. Schistes à empreintes végétales (de Moëde).

7. L'immense escarpement des Fiz, y compris le col d'Antherne, comprenant la succession complète des formations alpines, soit :

Lias.

Jurassique moyen et supérieur.
Neocomien.
Urgonien.
Grès verts (Aptien, Albien).
Craie.
Nummulitique.
Grès de Taviglianaz.

Reprenant la succession des couches sur l'autre

rive de la Dioza, et se dirigeant sur l'aiguille qui domine la montagne du Brévent, on trouve :

1. Stéaschistes talqueux et chloriteux à veines de quartz.

2. Ardoises noires.

3. Grès et poudingue.

4. Grès gris.

5. Psammites ou phyllades, schistes argileux, à végétaux luisants, talqueux (un peu moins beaux qu'à Moède).

6. Grès gris.

7. Schiste cristallin, verdâtre, constituant la sommité.

La seconde coupe, également empruntée à M. Favre, donne la série des couches qui se succèdent depuis le sommet des aiguilles Rouges.

Terrain jurassique :

1. Schistes calcaires, noirâtres, à belemnites silex, et bancs de calcaire sableux et ferrugineux (épaisseur, 14 mètres).

2. Calcaire schisteux, doux au toucher, un peu talqueux, jaunâtre à l'extérieur, avec rognons aplatis et renfermant des belemnites et des ammonites (10 mètres).

3. Schistes calcaires noirs, à rognons aplatis (3 mètres).

4. Calc. noir, sableux, à belemnites et entroques (7 mètres).

Infralias, probablement :

5. Schistes argileux, noirs, micacés (3 mètres).

6. Calcaire gris bleu, à veines de quartz et de spath calcaire. La couleur en est rougeâtre extérieurement, gris noir à l'intérieur, avec quelques veines de fer oxydé (1 mètre 50).

Trias :

7. Cargneules (épaisseur, quelques mètres).

8. Schistes argilo-ferrugineux, rouge et vert (5 mètres).

9. Grès arkose, mélangé de schiste talqueux, vert dans la partie supérieure, plus pur et à grains de quartz rose dans la partie inférieure (4 mètres).

10. Schistes cristallins, que M. Necker nomme, dans d'autres localités, micaschistes lie de vin : rougeâtre, verdâtre, doux au toucher, en couches verticales, ce qui le met en stratification discordante avec les autres roches.

11. Banc de calcaire saccharoïde, enfermé dans les couches précédentes.

Avant de terminer cette revue des couches sédimentaires, reconnues jusqu'ici, n'est-il pas à propos de se demander si la liste en est réellement épuisée ? N'en trouvera-t-on pas, un jour, d'un âge plus ancien encore ? M. Curioni semble avoir démontré la présence du silurien dans les parties septentrionales de la Lombardie. Le regrettable M. Fournet semblait croire à l'existence d'un terrain paléozoïque au Chapiu, sous le Bonhomme. M. Favre signale la découverte récente de l'Eozoon canadense dans les localités peu éloignées, et dans des roches très semblables aux schistes cristallins de nos montagnes ; mais il ne se prononce pas d'une manière absolue, et reste dans une expectative que je crois prudent d'imiter.

EXCURSION GÉOLOGIQUE

On peut facilement, dans une grande journée d'été et sans trop de fatigue, faire une excursion géologique et minéralogique très intéressante.

Partant de Chamounix de très bonne heure, on suit le chemin du Brévent, jusqu'à Plampraz, et se faisant conduire de là, à travers les éboulements, à Chanrut, on pourra observer une vraie couche de graphite, traversant le terrain cristallin des aiguilles, composé d'un beau gneiss à mica brun. On traverse ensuite facilement le col Cornet, ou de la Parsaz, pour descendre, avec moins de facilité, les débris éboulés des aiguilles. Sur tout le revers septentrional de ce massif, mais surtout aux alentours du lac Cornu, on peut étudier des surfaces polies par les glaciers, admirablement conservées, de belles roches moutonnées striées et profondément silonnées, ce qui est plus rare, observer à loisir des roches présentant distinctement le *côté choqué* et le *côté préservé*.

Ces surfaces polies font ressortir, avec avantage, les diverses variétés de belles roches qui constituent la chaîne, et l'on peut, autour du lac, faire ample collection d'échantillons de gneiss à mica brun, grenatifère, d'éclogite diallagique, de pegmatites amphiboliques, feldspathiques, talqueuses, etc.

Après avoir suffisamment parcouru cette riche localité, il faut se diriger au Nord, à peu près à la hauteur du lac, et donner un coup d'œil à un remarquable gisement de serpentine, d'un très beau vert, presque vertical, et dirigé du S.-O. au N.-E., enclavé dans un gneiss à petits cristaux de mica. — Ce filon de serpentine, poli comme un miroir, légèrement sillonné et recouvert d'une pellicule d'apparence talqueuse, se charge de mica verdâtre sur ses faces de contact, et est partagé par son milieu par un mince filon de carbonate de chaux, d'un centimètre d'épaisseur à peine, lustré, passant au calcite, et dont il est facile de recueillir de bons exemplaires. En continuant vers le N.-E., on atteint la Combe de la Barme, parsemée de gros blocs de calcaire liasique, schisteux, noirâtre, rude, avec belemnites et entroques, éboulés de la cime de l'aiguille de la Glière, si remarquablement étudiée et décrite par M. Favre, comme la clef et le dernier vestige de la grande voûte secondaire, qu'il suppose avoir recouvert tout le massif.

On peut juger, depuis la Barme, de la discordance remarquable qui existe entre la stratification des couches qui recouvrent le sommet de l'aiguille de la Glière et celle des aiguilles qui l'avoisinent; celles-ci sont toutes composées de feuillets verticaux de gneiss, tandis que celle-là est surmontée d'un massif de couches horizontales.

Pour s'en rendre mieux compte, on peut en faire l'ascension par l'arête qui rejoint le col de Bérard, qu'on atteint en suivant toujours la même direction et en contournant la base de l'aiguille, au-dessus de la vallée de Diozaz. Depuis le col de Bérard, il n'y a plus qu'à gravir l'arête qui se présente à droite du col, et l'on atteint, sans trop de difficulté, une hauteur suffisante pour distinguer clairement l'ordre de succession relevé par M. le prof. Favre, et que j'ai reproduit plus haut. Cet itinéraire accompli, l'heure est trop avancée pour que le retour au gîte puisse être retardé par de nouvelles observations; toutefois, les terrains cristallins du massif des aiguilles Rouges, quoique composés des mêmes éléments, présentent de telles diversités apparentes, que je crois devoir donner rapidement la liste, la description et la provenance des variétés les plus remarquables.

La roche qui compose principalement le massif est un gneiss mélangé de spath grenu ou légèrement cristallin, et où dominent tantôt le quartz, tantôt le talc, la chlorite ou le mica. Si le mica prédomine, le gneiss passe à l'état de :

Argiline feuilletée (Jurine). Micaschiste lie de vin (Necker); micacite, Glimmschiefer des Allemands; cette roche abonde, en bancs assez puissants, sur toute la chaîne des aiguilles Rouges, aux Cez Blancs, au col de Salenton, à la Table au Chantre.

Gneiss à grands cristaux de mica argentin, ou granit veiné de Saussure, granite de Coquand, Delesse et du rocher; gneissite, palaiopètre (Saussure); Cornubianite; protolite, alpinite, beau gneiss de Cordier, etc.; il se trouve à la base du Brévent, en montant de Chamounix, et offre une multitude de variétés, selon la quantité inhérente de feldspath ou son état d'agrégation, la couleur et la dimension des paillettes de mica, et la proportion plus ou moins grande des particules ferrugineuses, qui, en se décomposant à l'air, ont donné à toutes ces roches la teinte à laquelle ce massif doit son nom.

Gneiss à petites lamelles de mica brun et feldspath blanc, alternant avec :

Gneiss à **gros grains**, très feldspathique, à grandes plaquettes de mica noir, blanc ou brun, au sommet du mont Logia, du gros Perron et des Frêtes de Villy, au-dessus des chalets de ce nom.

Gneiss veiné, à mica noirâtre, feldspath et quartz blanc des Aiguilles Rouges, de la Loriaz sur la Poyaz, et la cascade de Bérard.

Gneiss chloriteux, à plaques assez grandes de mica blanc, se trouve sous la protogyne rose du Brévent, au-dessous et au-dessus de Plampraz.

Gneiss à grains très-fins, d'un brun violâtre; très petites plaques de mica noir, et formé de feuillets très minces et continus de roche de Corne (de de Saussure), ou Hornsfels des Allemands.

Protogyne Jurine, ou granite talqueux, granite feuilleté ou veiné de Saussure, Alpengranit Studer, Protogin Allemand, Granit Anglais, protogyne schistoïde Necker, ou granit à fleur de pêcher.

Cette roche se compose essentiellement de feldspath blanc de couleur terne, par suite de son mélange avec du quartz vitreux, et contient du mica, du talc et de la chlorite en quantités variables.

La protogyne forme une puissante masse de rochers qui se montrent sur toute l'étendue de cette chaîne à partir du Brévent jusqu'aux chalets de Logiaz, passant au col de Salenton par la Crase de Bérard jusqu'à la Table au Chantre, encaissant le torrent de la Dioza sur presque tout son parcours. Elle est divisée en feuillets presque verticaux, se dirigeant du Nord au Sud, comme en général toutes les grandes assises de cette chaîne. — Les variétés principales sont:

Protogyne rouge ferrugineuse, quelquefois rose, en filon dans le gneiss. — Composée de feldspath, d'un peu de chlorite verdâtre, et ressemblant à certains porphyres. Ses affleurements se montrent en plusieurs points du revers Nord des aiguilles et du Brévent. M. Favre l'a remarquée en descendant de la cime du Brévent, sur le lac en obliquant à gauche; j'en ai obsersé un deuxième affleurement à environ 150 mètres de la cime, dans la direction de la Dioza, un autre encore se montre au-dessus de Pierre à Bérard, en suivant une ligne à peu près équidistante entre la Frêtre et le col de Salenton d'une part, et le torrent qui descend du Buet sur Pierre à Bérard d'autre part, à peu près à la même élévation que le col; mais cette dernière a le grain si fin, qu'elle passe à un vrai

Leptynique rose, dont les particules ferrugineuses décomposées colorent la surface en un beau rouge écarlate, visible à une grande distance.

Protogyne à grands cristaux feldspathiques. Ces cristaux sont d'un rose violet d'Améthyste hémitrope. Elle forme la crête supérieure de Pormenaz, au-dessous et au-dessus du lac, et se montre aussi sur le revers Nord, ainsi que sur la crête qui sépare le col de Bérard de celui de Salenton, à la Crase de Bérard, à la Loriaz.

Cette variété est bien caractérisée, un peu plus talqueuse et rappelle, par l'absence du mica, les protogynes de la chaîne principale du Mont-Blanc, où ce minéral est beaucoup moins répandu que dans celle des aiguilles Rouges.

Protogyne verte à grains très fins, du mont Oreb. On y a exploité pendant quelque temps un minerai de plomb, zinc et nickel.

Eclogite, Haüy, emphagite Haüy; omphazifels eklogit Allemand.

Cette roche est composée de diallage verdâtre,

grenu, fibreux, et de grenat en proportions à peu près égales.

J'ai déjà eu l'occasion de citer le beau gisement d'éclogite du lac Cornu; cette même roche a été trouvée par M. Favre aux aiguilles qui partagent le glacier du Trient, vers le milieu de sa longueur et de sa largeur.

Je l'ai aussi remarquée sur la crête des aiguilles, entre le col de Bérard et celui de Salenton; dans cette localité, que j'ai traversée non sans difficultés, les parties constituantes de cette roche sont moins cristallines; je l'ai retrouvée encore en descendant du sommet de la Glière, en obliquant contre le col de Bérard.

Pegmatite Haüy, granique graphique, de quelques auteurs; granit feldspathique de Coquand, quartzmatite de Boubée.

Roche composée de feldspath blanc et de quartz incrusté dans le feldspath, avec du grenat rose; minéral du reste très répandu dans les roches des environs du lac Cornu.

Pegmatite amphiboleuse, à grands cristaux de feldspath blanc, quelquefois rosé, et de quartz vitreux associés à une grande quantité de mica parfaitement pur et transparent; elle se rencontre en filon, coupant les roches talqueuses et les éclogites, en descendant du lac Cornu, vers les chalets d'Arlevey.

Pegmatite avec Tourmaline noire, et quelquefois, mais plus rarement, avec titane rutile; j'en ai recueilli plusieurs échantillons parmi les débris du pied de la Cheminée du Brévent.

Pegmatite avec Tourmaline foncée, et parfois avec

nids de talc en petites paillettes blanches brillantes, douces au toucher; se trouve avec la variété précédente et aux Posettes, entre Valorsine et Argentière.

Pegmatite talqueuse avec pinite noire en prismes hexagonaux à faces et angles oblitérés, d'un gris noir, le feldspath y prend aussi quelquefois des teintes noirâtres; elle se trouve à la base de la Cheminée. La pegmatite est une roche éruptive, comme la serpentine et l'éclogite, mais d'une formation plus récente, puisque ses filons traversent ces deux roches.

Hyalo tourmalite syénitique, composée de quartz blanc et de feldspath en très petites quantités, et d'une grande abondance de belles tourmalines noires et quelque peu d'amphibole; elle se trouve dans la protogyne du Brévent.

Amphibolite Léonard, Brongniart, Coquand, hornblenite de Boubée, Hornblendschiefer, Hornblendfels des Allemands; roche d'un vert foncé d'amphibole lamellaire, en filon avec l'éclogite et la pegmatite du lac Cornu.

Diorite Haüy, Diabase Brongniart; granitel de Galitz, amphibolite de Coquand, timazite de Breithaupt, Grünstein des Allemands. Roche composée d'amphibolite d'un vert noirâtre et de feldspath blanc en proportions à peu près égales; se trouve en filons dans le gneiss avec les précédents, à gauche et au-dessous du lac Cornu.

Quartzite rose, quartz en roche, Quartzrock, Quartzfels. Roche agrégée sans ciment, composée essentiellement de quartz proprement dit, de contexture grenue, arénoïde ou compacte. Cette roche se voit sur toute la base du revers septentrional des aiguilles

Rouges jusqu'aux cols de Bérard et de Salenton ; elle affleure aussi sur plusieurs points du revers méridional et se montre en veines dans le gneiss aux montées de Servoz.

En continuant cette revue des roches du côté de Valorsine, on peut citer le :

Jade de Saussure ou Saussurite de Beudant, mélange intime de feldspath compact ou pétrosilex avec amphibole trémolite et talc ; roche très tenace, pesante, plus dure que le pétrosilex ordinaire, de couleur vert noirâtre ; on la trouve en blocs isolés non-seulement dans la vallée de Bérard, mais encore sur l'autre chaîne. En sortant de cette vallée pour entrer dans celle de Valorsine, on se trouve subitement au milieu d'immenses blocs, qu'on pense provenir de l'écroulement d'une aiguille qui aurait dominé jadis la cascade de Bérard ; ces blocs, amoncelés de la façon la plus fantastique, ont formé des grottes et une glacière naturelle, au-dessous de laquelle tombe de chute en chute le torrent de Bérard, profondément encaissé dans un :

Granite porphyroïde, qui constitue le fond de toute la vallée de Valorsine, de la Poyaz au Nixet, du Nixet à Barberine et aux Cez Blancs, sur le revers nord de la vallée.

Ce granit, à petits grains, contient de grands cristaux de feldspath hémitropes noirs, translucides ; cette roche passe à un véritable *porphyre micacé*, quartzifère, gris, qui, par la finesse progressive de son grain, se convertit successivement en *eurite* et ensuite en *pétrosilex* verdâtre.

Ce granit se trouve en contact, à la base du gros Perron, avec des gneiss schistoïdes brunâtres, en tout semblables à ceux que j'ai signalé sur le revers nord des aiguilles Rouges. On peut observer aussi *un granite à grains très fins*, disposé en filons traversant le gneiss et les eurites sur un très grand nombre de points, et se transformant parfois en un véritable porphyre et en une eurite rose, verte ou grise, selon la teinte de la roche de contact.

Eurite porphyroïde. Euritine de Cordier, pétrosilex de divers auteurs, partie des Hornfels de quelques minéralogistes allemands. Tigrite, se trouve parfois intercalée entre les filons de granite d'un côté et le gneiss de l'autre, comme aux Rupes, au-dessus de l'Eglise.

Euritine Cordier. C'est une eurite porphyroïde blanche, contenant du fer sulfuré. Elle occupe un assez large espace entre la Cascade supérieure et le village de Barberine; elle encaisse la Barberine et s'élève jusqu'à une assez grande hauteur au grand Perron.

Sur un autre point de la vallée, cette roche est transformée en *leptynite porphyroïde*.

A la base du gros Perron, on trouve un *gneiss brun-violâtre*, à grains très fins, avec des très petites lamelles de mica noir, formant de minces feuillets fortement adhérents entr'eux; il forme une assise très considérable, et est recouvert d'une couche de

Gneiss à gros grains, très feldspatique, à grandes plaques de mica noir, blanc ou brun, qu'on peut observer sur le sommet de la Loriaz et du gros Perron.

Deux autres variétés de gneiss bien caractérisées se présentent entre l'Eglise et Barberine.

Gneiss en veines blanches et brunes, dont le mica est

sur une seule ligne, au lieu d'être également disséminé, comme le feldspath et le quartz.

Gneiss à mica vert et brun, alternant en veines. L'un et l'autre se trouvent à la base de la Loriaz, du gros Perron et de Bel-oiseau.

Je citerai, pour terminer cette nomenclature de gneiss, la *variété talqueuse rosâtre,* qui se montre sous le trias du revers nord des Cez Blancs, et un

Pétrosilex agathoïde, composé de feldspath compacte, de couleur verdâtre et qui, vers le torrent de la Dioza, aux environs de Servoz, se trouve en couches subordonnées aux gneiss et aux talcschistes.

Stéaschiste chloritique, talcite chloriteux de Cordiér, chloritoschiste, Chloritschiefer, comprenant les schistes ou phyllades à ottrélite de quelques auteurs, le talc schistoïde d'Haüy; on le trouve dans les escarpements inaccessibles de la partie supérieure du cours de la Dioza, qui a creusé dans cette roche de remarquables et gigantesques *marmites de géants.*

Ophiolite stéatiteuse ou talcschiste ophiolitique, enveloppant des cristaux de feldspath orthose; elle se montre en bancs au-dessus du hameau du moulin de Praz ou du Châble.

Serpentine verte. Ophiolite de Brongniart, etc., Schillerfels des Allemands, glabro des Italiens.

Elle se montre en plaques superposées, minces, polies, comme striées et laminées, disposées en filons dans la protogyne sur plusieurs points du revers nord de la chaîne, au vallon de la Barme et particulièrement au lac Cornu, où elle forme un véritable banc de plusieurs mètres d'épaisseur, se dirigeant du Sud au Nord à travers les protogynes, ainsi que j'ai déjà eu l'occasion de le mentionner. On trouvera aussi une *serpentine micacique*, entre les feuillets de laquelle, comme dans la précédente, se rencontrent des filons de 1 à 2 centimètres d'épaisseur de chaux carbonatée fibreuse.

Un autre affleurement de serpentine, situé à la descente de Cornet, passe à la

Stéatite, talcite de Cordier, la pierre ollaire, Postone des Anglais, Topfstein des Allemands ou lavezzi des Italiens ; roche d'un vert clair, plus ou moins tendre, facile à tailler, savonneuse ; exploitée pour la fabrication de petits objets, tels que : vases, encriers, pommeaux de cannes, etc. La stéatite affleure au N.-E. de l'aiguille de la Glière ; je l'ai rencontré aussi à la montagne de Fer, sous l'assise des schistes à empreintes.

Je citerai ici l'analyse que M. le professeur Michaud, chimiste à l'Académie de Genève, a faite des stéatites du mont Anvert.

Silice	61.
Magnésie	32,70.
Oxyde de fer	3,20.
Alumine	0,60.
Eau	2,50.

Granit en filon de Valorsine, composé de quartz d'orthose gris ou blanchâtre, d'oligoclase blanc nacré ou légèrement verdâtre, d'un mica brun abondant et d'un mica blanc d'argent.

En résumé, le massif des aiguilles Rouges et du Brévent se compose essentiellement de roches dites primitives et de quelques roches d'éjection.

Les roches dites primitives sont en général granitoïdes plutôt talqueuses à la base de la chaîne et micaschisteuses à sa partie supérieure.

Les roches d'éjection les plus anciennes sont les éclogites et les serpentines; les pegmatites sont plus récentes, puisqu'elles pénètrent dans les précédentes sous forme de filons, comme les granits de Valorsine.

Quand à l'âge relatif des deux premières roches, il est resté jusqu'ici indéterminé.

TABLE DES MATIÈRES

SECONDE PARTIE

Géologie des environs du Mont-Blanc.

Pages

CHAPITRE I.

CHAPITRE II.

CHAPITRE III.

CHAPITRE IV.